大型浮顶油罐
地基监测及处理技术措施

荆少东　著

中国建筑工业出版社

图书在版编目（CIP）数据

大型浮顶油罐地基监测及处理技术措施/荆少东著. —北京：
中国建筑工业出版社，2019.9
ISBN 978-7-112-23867-5

Ⅰ.①大… Ⅱ.①荆… Ⅲ.①浮顶油罐-地基处理-质量检验-
研究 Ⅳ.①TE972②TU472.99

中国版本图书馆 CIP 数据核字（2019）第 117599 号

本书主要介绍了大型浮顶油罐的国内外使用现状、基本结构、材料规格及设计理论与
发展现状等，对储罐地基和基础的检测和处理进行了介绍和说明，并以 15 万 m^3 大型浮顶
油罐为例，介绍了实际操作中的监测控制指标、仪器布设、监测资料分析整理及地基主要
处理措施，最后给出了研究结论与建议。本书适用于从事相关工作的专业人员或者对此领
域感兴趣的相关人员。

责任编辑：张　磊　高　悦
责任设计：李志立
责任校对：赵　颖

大型浮顶油罐地基监测及处理技术措施
荆少东　著
*
中国建筑工业出版社出版、发行（北京海淀三里河路 9 号）
各地新华书店、建筑书店经销
北京科地亚盟排版公司制版
廊坊市海涛印刷有限公司印刷
*
开本：787×1092 毫米　1/16　印张：8½　字数：207 千字
2019 年 8 月第一版　　2019 年 8 月第一次印刷
定价：**48.00** 元
ISBN 978-7-112-23867-5
（34174）

目　录

1 绪 论

1.1 引言

大型储罐在石油、化工、油气田和石油化工中是应用非常广泛的设备，目前这类储罐在冶金、发电、煤气、医药、食品、轻工、军工等工业中的应用也很普遍。

储罐有很多种类，各类储罐的结构形式和使用功能也有着很大的差别，因此各类储罐基础的沉降和不均匀沉降的限值也有所不同。

储罐按其使用功能可分为储气罐和储油罐两大类。储气罐根据采用的压力可以分为低压储气罐、中压储气罐和高压储气罐，而大型储气罐均为低压储气罐。低压储气罐按照它自己的工艺和结构特性，可以划分为湿式储气罐和干式储气罐。湿式储气罐下设一固定水池，由于采用水作密封，所以称湿式储气罐。干式储气罐不需要水封槽，为了得到可靠的不漏气密封，往往采用圆筒形环，它由围膜、壳体壁板及活塞组成，其间灌入一种在相当低的温度才结冰的防冻液体。一般称这种储气罐为稀油密封型干式储气罐；另一种是柔膜密封型干式储气罐，它在圆筒形储罐内装有顶盖及底板，并设有沿高度方向移动的垫板。垫板在气体压力的作用下向上升起，在气体排出后就下降，由其本身的重量对储气罐排出的气体加压力，密封是在壳体及垫板之间设橡胶软性隔板，代替液体接触密封。

储油罐是储存各种油品的圆形储罐，通常使用的储罐有固定顶储罐、浮顶储罐和内浮顶储罐三类。固定顶储罐顶盖多半采用拱形顶盖，一般用来储存原料油或渣油等重质油品，对这类储罐的基础不均匀沉降可以适当放宽要求；浮顶储罐顶盖为浮船式活动顶盖，在罐顶设有转动浮梯和浮船舱，顶盖随进油而浮升，卸油而降落，浮顶与内部液体直接接触，因而油品损耗少，一般用于轻质油品的储存，对这类储罐的基础不均匀沉降要求非常严格，如果出现较大不均匀沉降则就会影响到储罐浮顶的上升和降落；内浮顶储罐是在拱形顶盖内设置一层活动顶盖，采用中国石化集团物装公司获国家专利的重点科技成果 ZF 系列组合式铝合金内浮盘。大型储油罐指的是容量为 $100m^3$ 以上，由罐壁、罐顶、罐底及油罐附件组成的储存原油或其他石油产品的大型容器。大型储油罐是储存油品的容器，它是石油库的主要设备，主要用在炼油厂、油田、油库以及其他工业中。

随着我国经济的不断发展，特别是石油化工行业的迅猛发展，我国石化企业对进口原油的需求量不断增大。石油作为当今世界最重要的能源产品和消耗品，其正常输出供应不仅关系国家的可持续发展，也对社会稳定发展有深远影响。自 20 世纪 90 年代，随着我国的经济回稳高速发展，国家正逐步把石油储备建设作为石油战略发展的核心任务。自 1993年开始，我国已成为纯石油进口国。1993 年我国进口原油、成品油总量达 3305 万吨，到

1997 年我国进口原油、成品油总量已达 5927 万吨，而 2000 进口原油、成品油总量更是达 7000 万吨，占当年消费量的 30%。据有关部门预测，2020 年我国石油需求量将达到 3.9 亿吨左右，但同期国内原油产量约为 1.8 亿吨，相当于石油供需缺口为 2.1 亿吨左右，建设国内大型储备油库基地已刻不容缓。至今为止，我国石油储备建设已走过 20 余年，国家石油储备一期基地已建成并投运，目前，二期、三期工程已在陆续建设中。从石油主产地中东地区到我国沿海的海上运输航程约为 11400km，运输原油的常用船型为 25～30 万吨级的油轮，这就要求接受原油的储备基地的规模及其一次接卸原油的能力相应增加，并与之配套。从国内的原油码头来看，目前已建成和正在建设的最大码头为 25 万～30 万吨级。

我国的土地资源十分紧张，建设用地价格连年攀升。大型油罐具有节省材料、占地面积小、方便操作管理、投资少等优点，以 200 万 m³ 库容的油库为例，在相同的设计条件下，采用 15 万 m³ 油罐比 5 万 m³ 油罐节约材料 11%，比 10 万 m³ 油罐节约材料 4%。如果考虑油罐附件的减少，采用 15 万 m³ 油罐仅罐体就比 10 万 m³ 油罐节约 2600 万元。通过综合（占地、工艺及辅助管道、电器仪表、油罐、消防设施、基础处理费用）比较分析，一个 200 万 m³ 库容的油库采用 15 万 m³ 油罐方案比 10 万 m³ 油罐方案节约 6000 万元，15 万 m³ 油罐方案的优势非常明显。

由于大型储罐大多是建造在沿海等比较松软的软土地区，地基基础的不稳定性容易造成储罐发生不同程度的沉降。而储罐的不均匀沉降会影响储罐的正常运行，严重的话则会对储罐安全产生重大隐患。储罐在不均匀沉降过程中罐底板与罐壁板会发生相应的应力集中和径向位移变化，这样会使罐底板产生扭曲以及罐壁板产生内凹或外凸的现象，同时也会使罐底板与罐壁板的焊缝处产生撕裂的现象。与此同时，储罐发生不均匀沉降后会加速罐底板的腐蚀。因此，加强对储罐不均匀沉降和储罐底板腐蚀情况的检测对维护储罐的安全运行起到非常重要的作用。

大型储罐建造过程中充水预压，可以加速地基排水固结，提前完成基础部分沉降量，使得地基承载力、沉降差和稳定性满足罐体设计要求。因此，充水预压的过程控制就成为储罐建成投产后充分发挥效用的关键。为了确保储罐地基充水预压的安全和正常使用，分析、评价地基的预压加固效果并为放水卸荷时间提供依据，储罐地基采用充水预压时，应进行充水预压安全监测。

1.2 国内外大型储罐现状

大型储罐的发展始于 20 世纪 60 年代，如今已 50 多年的发展史。由于起步早、发展快，美国、日本等国家在大型储油罐的设计、施工、运行、维护方面开展了大量的理论研究和实践探索，不仅有先进的技术、丰富的经验，而且有系统化、标准化、规范化的指导法规。1962 年美国率先建造了世界上第一台 10 万 m³ 大型原油储罐，委内瑞拉于 1967 年建造了 15 万 m³ 容积的储罐，1971 年日本建造了 16 万 m³ 的储罐。随后，石油王国沙特阿拉伯建成了 20 万 m³ 的大型储罐。目前，世界上最大单台罐容积已高达 24 万 m³。储罐的设计标准也日趋成熟，广为应用的主要有美国 API 650《钢制焊接油罐》、欧洲 BSEN 14015《立式圆筒形钢制焊接地上储罐设计制造规范》和日本 JISB 8501《钢制焊接油罐结构》。

国内大型浮顶油罐的发展始于 20 世纪 70 年代。1975 年，我国首先在上海陈山码头建成国内第一台 5 万 m³ 单盘浮顶油罐，从此以后各石油石化企业先后建造了多台 5 万 m³ 浮顶油罐。1985 年，石油天然气管道局秦皇岛输油公司引进两台 10 万 m³ 超大型单盘浮顶油罐。20 世纪 90 年代以后便拉开了国内建造大型浮顶油罐的序幕，秦皇岛、大庆、仪征、铁岭、舟山、大连、镇海、黄岛、上海、宁波、燕山等地相继建造了数百台大型浮顶油罐。据 National Energy Administration 数据显示，目前我国已建成舟山、舟山扩建、镇海、大连、黄岛、独山子、兰州、天津与黄岛国家石油储备洞库 9 个国家石油储备基地，目前所有储备基地库容及部分企业库容共储备原油 3773 万吨。

国内大型浮顶油罐的发展，概括起来经历了四个阶段。第一阶段为整套技术引进，包括设计、高强度钢板、热处理成品部件和施工技术。如 20 世纪 80 年代中后期在秦皇岛、大庆、舟山建造的 10 万 m³ 大型浮顶油罐。第二阶段为国内自己设计和施工，仅引进高强度钢板和热处理成品部件。如 20 世纪 90 年代在镇海、舟山、上海、兰州等建造的 10 万 m³ 大型浮顶油罐。第三阶段为国内自己设计，仅引进高强度钢板，壁板开口焊后消除应力热处理在国内完成。如 20 世纪末 21 世纪初在镇海、宁波、上海等建造的大型浮顶油罐。第四阶段为设计、高强度钢板和热处理全部国产化。如 1999 年北京燕山石化公司建造的 4 台 10 万 m³ 大型浮顶油罐和 2004 年后建成的我国一期四大国家石油储备基地以及近几年中石化、中石油的商业储备，中海油、中国化工进出口总公司及沿海地带的民间储备油库等。

经过上述四个阶段，我们的设计和施工水平有了大幅度的提高，尤其经过国家石油储备基地建设用高强度钢板国产化攻关，使我们的大型储罐整体水平又上了一个新台阶。到目前为止，国内建成的 15 万 m³ 大型浮顶油罐已有三十多台。

1.3　大型储罐场地的选择

大型储罐由于体积大，占地面积较大，以及使用性质与一般大型建筑不同，对场地有着特殊的要求：

（1）储罐建设场地应符合所在地域或城市的总体规划。

（2）充分利用自然资源条件，节约用地，少占良田及经济效益高的土地，建设要有利于保护环境与景观。

（3）地界与地貌条件要利于储罐布置。

（4）场地气象条件适宜，避免不良气象对储罐的影响。

（5）尽量避免不良工程地质条件。

（6）选址应考虑公路、铁路和水运等条件便利的地区。

（7）所在区域应具备城市给水排水管网以及良好的能源和电信条件。

目前大型储罐通常选用钢板焊接而成，其容器呈现出薄壁特征柔性大而刚度较小，这种结构特征对于地基沉降有着相对较好的适应能力，通常而言，只要是均匀沉降，都不会对储罐的使用带来太大影响。但由于大型储罐的荷载大，对地基影响范围深，且对地基不均匀沉降要求较高，遇到地质条件不良时，采用单一的地基治理施工法往往不能满足工程要求，因此大型储罐对地基有特殊要求：

（1）地基土要有足够的强度，充水预压后的地基土的承载力应不小于储罐的基底压力。

（2）地基沉降计算深度的要求，由于油罐的直径大，地基变形的计算深度亦大。

（3）地基沉降应满足罐底变形要求，油罐储油后罐中心沉降大于罐底边缘。因此，罐底中心与边缘沉降差必须控制在罐底结构允许变形的范围内，防止造成结构破坏。储罐设备要求圆锥面的坡度不能少于8‰。

（4）油罐与其他构筑物相比，可承受比较大的沉降量。当地基有较大的沉降时可预先提高基础，通过充水预压达到设计标高，但油罐建成投入使用后，不能有过大的沉降，防止与管线系统连接产生破坏。

（5）油罐对不均匀沉降要求较严格，储罐设备要求沿罐壁圆周方向任意10m弧长内的沉降差应不大于25mm。平面倾斜（任意直径方向）的沉降差允许值为$0.003D_t$（D_t为储罐底圈内直径），即沉降差允许值为300mm。

1.4 主要监测检测方法

（1）新建罐区的每台罐充水前，均应进行一次观测并做好原始数据记录。

（2）储罐基础沉降应安排专人定期观测，自充水开始后每天测量不应少于1次，并应做好记录。沉降观测应包括充水前、充水过程中、充满水后、放水后的全过程。

（3）沉降观测应采用环形闭合方法或往返闭合方法进行检查，测量精度宜采用2级水准测量，视线长度宜为20～30m，视线高度不宜低于0.3m。

（4）坚实地基基础，设计无要求时，第一台罐可快速充水到1/2罐高进行沉降观测，并与充水前观测到的数据进行对照，计算出实际的不规则沉降量。当不均匀沉降量不大于5mm/d时，可继续充水到3/4罐高进行观测。当不均匀沉降量仍不大于5mm/d时，可继续充水到最高操作液位，分别在充水后和保持48h后进行观测，沉降量无明显变化，即可放水；当沉降量有明显变化，则应保持最高操作液位，进行每天的定期观测，直至沉降稳定为止。当第一台罐基础沉降量符合要求，且其他储罐基础构造和施工方法和第一台罐完全相同，对其他储罐的充水试验，可取消充水到罐高的1/2和3/4的两次观测。

（5）软地基基础，预计沉降量超过300mm或可能发生滑移失效时，应以0.6mm/d的速度向罐内充水。当水位高度达到3m时，应停止充水，每天定期进行沉降观测并绘制时间/沉降量的曲线图，当沉降量减少时，可继续充水，但应减少日充水高度。当罐内水位接近最高操作液位时，应在每天清晨做一次观测后再充水，并在当天傍晚再做一次观测；当发生沉降量增加，应立即把当天充入的水放掉，并以较小的日充水量重复上述的沉降观测，直到沉降量无明显变化，沉降稳定为止。

（6）储罐的不均匀沉降值不应超过设计文件的要求。当设计文件无要求时，储罐基础直径方向的沉降差不得超过表1-1的规定，支撑罐壁的基础部分不应发生沉降突变；沿罐壁圆周方向任意10m弧长内的沉降差不应大于25mm。

储罐基础径向沉降差允许值　　　　　　　表 1-1

外浮顶罐与内浮顶罐		固定顶罐	
罐内径 D(m)	任意直径方向最终沉降差允许值（m）	罐内径 D(m)	任意直径方向最终沉降差允许值（m）
≤22	0.007D	≤22	0.015D
22<D≤30	0.006D	22<D≤30	0.010D
30<D≤40	0.005D	30<D≤40	0.009D
40<D≤60	0.004D	40<D≤60	0.008D
60<D≤80	0.003D	60<D≤80	0.007D
>80	<0.0025D	>80	<0.007D

2 大型浮顶储罐概述

2.1 大型浮顶储罐的基本结构

2.1.1 罐顶结构

大型储罐按罐顶结构形式主要分为梁柱式锥顶、自支撑拱顶和浮顶等。我国储存原油的大型储罐一般采用外浮顶储罐，这样可以减少大量建设成本。

梁柱式锥顶结构可以用作大容量、接近常压的储罐，用来储存挥发性小的油品，如燃料油等。罐内压力以不使顶板鼓起、柱不上拔为限。此类储罐国内很少使用，但国外许多国家和地区一直在使用。梁柱式锥顶主要由顶板、檩条、横梁和支柱组成，罐顶载荷由顶板经檩条、横梁再通过支柱传给基础。总体上而言，梁柱式锥顶的结构复杂，耗材量大，对基础沉降的要求高，容易发生腐蚀等问题。

球面拱顶是立式圆筒形储罐中使用很广泛的一种灌顶形式，常用容积范围为 $(5\sim10)\times10^4\mathrm{m}^3$。与锥顶相比，拱顶结构简单，刚性好，能承受较高的剩余压力（数兆帕），钢材耗量少，但气体空间较一般的锥顶大，相比较制造也复杂许多。自支撑式拱顶主要包括带肋壳拱顶、网壳式拱顶、网架式拱顶等。带肋壳拱顶适用于直径小于40m的储罐，不适合于大型储罐；网壳式拱顶比较适合于大型储罐顶，目前国内已经建成 $5\times10^4\mathrm{m}^3$ 的钢制网壳式拱顶储罐。铝制网壳式拱顶，具有安装方便、结构简单、耐腐蚀、整体成本低等特点，在欧美发达国家广为使用，其设计、制造安装技术相对来说都比较成熟。$5\times10^4\mathrm{m}^3$ 的铝制网壳式拱顶比钢制网壳节省约30%的建造费用，虽然铝制网壳式浮盘的建造费用比钢制外浮顶高，但是钢制外浮顶每年检修和日常维护费用高，其蒸发消耗也大于铝制网壳式浮盘，总体来说铝制网壳式拱顶优于钢制式网壳式拱顶，由此可见，铝制网壳式拱顶是大型拱顶发展方向之一，在我国的大型储罐建造中会使用的越来越广泛。

外浮顶储罐是目前国内外大型储罐当中最常用的一种结构形式，主要用来储存原油、汽油以及柴油等介质。由于近年来大型固定顶技术和内浮顶技术的发展，汽油、航空煤油储罐大多数采用内浮顶或拱顶储罐结构。新建外浮顶储罐几乎都用于储存原油。目前常用的浮顶结构有双盘式、单盘式和浮子式三种，尤以前两种为多。单盘式浮顶结构简单、耗钢量小、绝热性差，见图2-1（a），适合无需保温的南方地区。但单盘式浮顶对单盘形状以及焊接变形控制要求较高，如果焊接质量不好容易使得浮顶排水不畅，造成浮顶偏沉、卡盘或者沉顶事故。由于局部积水严重，使之长期处于水汽交互作用的状态下，腐蚀比较严重。双盘式比单盘式浮顶钢材消耗量大，结构复杂，见图2-1（b），但是双盘式浮顶具有较好的安全性和整体经济性，不会出现单盘式浮顶的问题。

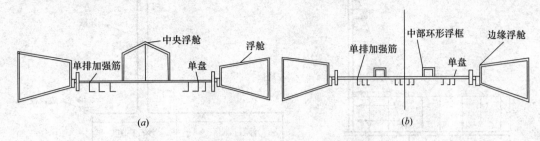

图 2-1 单盘式和双盘式外浮顶的结构示意图
(*a*) 带有中央浮舱的单盘式浮顶；(*b*) 双环形浮舱单项式浮顶

2.1.2 罐壁结构

储罐是典型的薄壁圆柱形壳体，罐壁的纵截面由若干个壁板所组成，其形状从上至下呈三角形分布，一般上壁板的厚度不超过下壁板的厚度，主要是由于罐壁主要承受环向薄膜应力，环向薄膜应力也从上至下逐渐增大，为满足强度要求，罐壁壁厚也应从上至下逐渐增厚呈三角形分布，如图 2-2。但是，在实际工程中往往不可能采用连续变化截面厚度的钢板来制造储罐，一般只能采用逐渐增厚的阶梯形变截面罐壁。由于相邻罐壁板厚不相等，在罐壁连接处会产生边缘应力和弯矩，这使得最大的环向应力不是出现在每圈罐壁的底部，而是向上移动了一段距离。为了防止失稳情况的发生，罐壁上部通常设置有抗风圈、加强圈等。

2.1.3 罐底结构

罐底板是由罐底边缘板和中幅板两部分组成。边缘板与罐壁板相连接，应力状态较为复杂，厚度较大，对材料的强度、韧性等有较高的要求，通常与底圈的壁板材料相同。当储罐内径大于等于 12.5m 时，罐底宜设环形边缘板。中幅板的应力较小，所以采用 Q235-B 材料，厚度较薄，但为了防止储存油料泄露和罐底板腐蚀，当中幅板厚度不大于 10mm 时，边缘板和中幅板厚度差大于或等于 3mm；当中幅板厚度大于 10mm 时，两板厚度差大于中幅板厚度的 30%。

由于储罐地基中心沉降量较大，因此大型储罐通常采用中心高四周底的正圆锥形结构。在进行场地施工时，对一般地基基础其罐底坡度按 15‰；而对软弱地基，其罐底坡度可适当提高，但是不得大于 35‰。基础沉降基本稳定后，锥面坡度不小于 8‰。

2.1.4 地基结构

储罐地基材料主要有两种：第一圈地基材料为沙石圈，直接与罐底接触；第二圈地基材料为碎石圈，储罐原地基分布如图 2-3 所示。

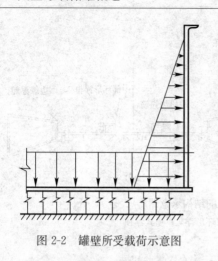

图 2-2 罐壁所受载荷示意图

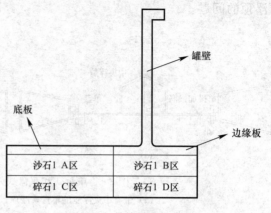

图 2-3 储罐地基分布图

2.2 大型浮顶储罐的材料

储罐用材按类别可分为碳钢、不锈钢、铝及其合金等材质，按储罐各部位又可分为钢板、结构用型钢、管子、锻件、法兰、螺柱、螺母、焊接用材等。

随着储罐容量越来越大型化，对材料的要求越来越高。近 30 多年来，由于储罐大型化的发展，储罐用高强度钢的应用越来越多，同时等级也越来越高。从 1963～1964 年期间由荷兰壳牌石油公司在欧罗巴港建成的第一批 $10 \times 10^4 \mathrm{m}^3$ 原油浮顶罐，到 20 世纪 70 年代末 80 年代初，由日本建成的 $14 \times 10^4 \mathrm{m}^3$ 原油浮顶罐，材料的抗拉强度逐渐增大。1985 年中国从日本引进 $10 \times 10^4 \mathrm{m}^3$ 原油浮顶罐，罐壁采用日本压力容器用钢 SPV490Q 高强度调质钢板，抗拉强度为 610～740MPa。1997～1998 年中国建成 $10 \times 10^4 \mathrm{m}^3$ 原油浮顶罐，罐壁采用国产低合金高强度钢 WH610D2(12MnNiVR)，抗拉强度为 610～740MPa。由以上可以看出，要发展更大容量的原储罐，在不突破最大板厚限制的情况下，只有应用和开发高强度的钢板。

由于储罐容量从 100m³ 到 $10 \times 10^4 \mathrm{m}^3$、$20 \times 10^4 \mathrm{m}^3$ 甚至更大，要求钢板的品种从普通碳素结构到焊接结构高强度钢，其强度等级范围广，以满足不同容量的需要。由于液体化学品储罐的发展，需要满足各种液体腐蚀性的要求，不锈钢材质的应用越来越多，主要牌号有 0Cr18Ni9、00Cr17Ni14Mo2、00Cr19Ni10、00Cr17Ni12Mo2。对某些液体化学品小容量储罐也有采用铝及其合金材质的。

国内几十年来，对于材料的研究有了较大的发展，并逐步完善和制定储罐设计标准，采用 Q235-A·F、Q235-B、Q235-C，20R、16MnR 等钢材建造中、小型容量（$5 \times 10^4 \mathrm{m}^3$ 以下）的储罐，并积累了较丰富的经验。1997 年采用国产材料 WH610D2 钢板制造 $10 \times 10^4 \mathrm{m}^3$ 大型浮顶原油储罐，该钢种是武钢生产的调质低合金高强度钢，屈服强度为 490MPa。这种钢板与 SPV490Q 钢板相比在力学性能、有害杂质含量、几何尺寸偏差及表面质量等方面仍需要进一步改进。现在国内大型储罐的建造中，较多还是应用 SPV490Q 钢材。

2.3 大型浮顶储罐规格参数优化设计

对于储罐设计，我国现行的标准主要有国家标准《立式圆筒形钢制焊接油罐设计规范》(GB 50341—2014)和中国石化行业标准《石油化工立式圆筒形钢制焊接储罐设计规范》(SH 3046—1992)。国外的主要规范有美国的 API 650、英国的 BS 2654、日本的 JISB 8501 等。

API 650 标准已经成为国际上设计建造储罐的通用标准，采用该标准进行设计，罐壁应力分布比较合理，有利于提高储罐的安全性。国内目前建成的 10 万 m³ 以上大型储罐都是采用美国 API 650 标准进行罐壁设计的。

2.3.1 15 万 m³ 大型浮顶油罐设计数据储罐设计数据：

储罐设计数据：

设计压力：常压　　设计温度：常温

储液密度：900kg/m³　相对密度：0.9

腐蚀裕量：底圈罐壁和底板取 2.0mm，其他取 1.0mm

壁板宽度：2.48m壁板材质：SPV490Q、Q345R、Q235B

材料的强度指标见表 2-1：

| | 储罐材料强度参数 | | 表 2-1 |

材料常温机械	SPV490Q	Q345R $\delta=6\sim16$	Q235B $\delta\leqslant16$
常温屈服点 σ_s(MPa)	490	345	235
常温抗拉强 σ_b(MPa)	610	510	375

根据美国石油协会标准 API 650—1998，操作状态时，材料的许用应力 $[\sigma]=\min\left(\dfrac{2}{3}\sigma_s,\ \dfrac{2}{5}\sigma_b\right)$ 充水试验时，$[\sigma]=\min\left(\dfrac{3}{4}\sigma_s,\ \dfrac{3}{7}\sigma_b\right)$，其中 σ_s 为材料的屈服强度，σ_b 为材料的抗拉强度，由此确定的许可应力见表 2-2：

| | 许可应力 | | 表 2-2 |

许可应力 ＼ 材料	SPV490Q	Q345R $\delta=6\sim16$	Q235B $\delta\leqslant16$
操作：$[\sigma]$(MPa)	244	204	150

2.3.2 储罐基本规格参数的提出

根据我国消防法规的要求，罐体的高度不应超过 24m，这也是罐高 H 的最高限度。同时还要考虑储罐的基础因素，储罐直径 D 越大，占地面积、基础面积及浮盘的直径越大，基础和浮盘的造价也随之提高，这就增加了储罐的造价费用。另外直径越大，找到满足工程建设的场地也越困难，储罐发生不均匀沉陷破坏的事故几率也越大。目前，国内已陆续建成或在建的一些 15 万 m³ 浮顶储罐，主要有三种规格：直径 93m，罐高 24m；直径 96m，罐高 22.8m；直径 100m，罐高 22m。我们就以上三种规格的储罐进行分析，其相应的设计液位高度分别为 22.2m、20.8m、19.2m。在设计时主要考虑两个因素—结构强度设计的合理性和储罐造价的合理性。为保证前者，严格按照储罐设计的有关规范进行设计。在此基础上，对设计得到的储罐经济性进行比较，力求找到最经济的储罐规格尺寸。对于大型储罐，罐壁钢材的重量在罐体的总重量中约占 35％到 50％。因此，确定罐壁厚度的罐壁强度计算，对于减少罐壁的重量从而降低整个储罐的钢材消耗量，对于大型储罐的经济合理性具有决定性的作用。

2.3.3　罐壁设计计算方法

API 650 中储罐壁厚计算通常有两种方法，"定点法"和"变点法"。"定点法"，是以高出每圈罐壁板底面 0.3m（约为一英尺）处作为一个固定的设计点进行计算。对于容积较小的储罐，采用定点法设计罐壁厚度计算简便，结果也足够安全，且与变点法计算结果相差不大；但对容积较大的储罐，该点计算的罐壁应力与实际应力值差别较大，用该方法计算的壁板厚度就不够经济合理。因此 API 650 中规定只有容积小于 5 万 m^3（直径 60m 以下）的储罐才可以采用定点法来计算罐壁厚度。"变点法"，既考虑了罐底板的约束对罐壁受力的影响，同时也考虑了较厚的下层罐壁对较薄的上层罐壁影响，即所谓的"有利约束"。其关键就是要找到各层罐壁板的最大环向应力点，合理确定各层罐壁的厚度，使每一层罐壁中的应力分布趋于均布，并接近于计算罐壁时采用的许用应力值，这样便充分发挥了每层罐壁钢板的潜力，达到材尽其用，杜绝材料浪费。

2.3.4　基于 API 650《钢制焊接石油储罐》变点法设计的储罐壁厚

采用"变点法"分别计算了 $D=93m$、$D=96m$、$D=100m$ 的储罐壁厚，并考虑到腐蚀裕量及制造偏差，对壁厚尺寸进行了圆整，根据 API 650 中的有关规定，当计算的壁厚小于 12mm 时，应将其定为 12mm，计算得到的结果分别列于表 2-3、表 2-4、表 2-5 中。

$D=93m$ 的 15 万 m^3 储罐罐壁计算结果　　　　　　　　　表 2-3

罐壁圈数	操作计算厚度（mm）	充水计算厚度（mm）	名义厚度（mm）	罐壁高度（m）	材料	质量（kg）
1	38.94	37.74	40	2.48	SPV490Q	227615
2	36.259	37.088	38	2.48	SPV490Q	216230
3	27.653	27.643	28	2.48	SPV490Q	159310
4	24.061	23.953	25	2.48	SPV490Q	142236
5	19.865	19.509	21	2.48	SPV490Q	119473
6	15.81	15.291	16	2.48	SPV490Q	91023
7	11.786	11.225	13	2.48	SPV490Q	73953
8	10.13	9.47	12	2.48	Q345R	68264
9	6.64	5.85	12	2.08	Q235B	57254
10			12	2.08	Q235B	57254

$D=96m$ 的 15 万 m^3 储罐罐壁计算结果　　　　　　　　　表 2-4

罐壁圈数	操作计算厚度（mm）	充水计算厚度（mm）	名义厚度（mm）	罐壁高度（m）	材料	质量（kg）
1	37.004	36.285	38	2.48	SPV490Q	223202
2	34.218	35.204	36	2.48	SPV490Q	211450
3	26.114	26.05	27	2.48	SPV490Q	158573

续表

罐壁圈数	操作计算厚度（mm）	充水计算厚度（mm）	名义厚度（mm）	罐壁高度（m）	材料	质量（kg）
4	22.362	22.116	23	2.48	SPV490Q	135075
5	18.143	17.712	19	2.48	SPV490Q	111579
6	13.951	13.358	15	2.48	SPV490Q	88085
7	9.82	9.2	12	2.48	SPV490Q	70466
8	7.52	6.76	12	2.48	Q345R	70466
9	2.863	1.932	12	2.96	Q235B	84104

$D=100m$ 的 15 万 m^3 储罐罐壁计算结果 表 2-5

罐壁圈数	操作计算厚度（mm）	充水计算厚度（mm）	名义厚度（mm）	罐壁高度（m）	材料	质量（kg）
1	35.87	34.614	37	2.48	SPV490Q	226378
2	33.2	34	35	2.48	SPV490Q	214137
3	24.306	24.178	25	2.48	SPV490Q	152940
4	20.431	20.1	21	2.48	SPV490Q	128464
5	16.026	15.502	17	2.48	SPV490Q	103991
6	11.605	11.048	12	2.48	SPV490Q	73401
7	9.69	9.011	12	2.48	Q345R	73401
8	5.528	4.696	12	2.32	Q235B	68666
9			12	2.32	Q235B	68666

2.3.5 三种规格储罐的经济性比较

大型储罐的经济性比较是一项十分复杂的系统工程，基础的费用在储罐的总费用中占有很大的比例，因此，按照材料最省的方法肯定是不合理的，应该按照总投资费用最省的方法来考虑储罐的经济尺寸。在不同的地方地价不同，并且因地质情况不同基础的造价也会不同，由于本书讨论的 15 万 m^3 储罐的建造地址具有不确定性，因此在经济性分析中以当地地质条件为例，对基础的费用进行估算。根据土建基础概算数据，储罐直径 93m、96m、100m 的基础费用分别约为 590 万元、620 万元、680 万元。

在计算投资费用时，还有很多数据是很难得到的，这就需要借鉴一些大型储罐的工程实践经验进行估算，并且还要忽略掉一些次要因素。为此，对于这三种规格储罐方案进行经济性比较时主要考虑了罐壁、罐底的主要材料费用和罐基础的费用，而忽略了加强圈、抗风圈、储罐附件的费用以及材料运输、制造、焊接、组装等施工费用。储罐底边缘板的材料为 SPV490Q，中幅板的材料为 Q235B。SPV490Q 宽厚板的市场价约为 9500 元/t，Q345R 钢板的市场价约为 5500 元/t，而 Q235B 钢板约为 5000 元/t。将以上所考虑的投资费用进行累计，得到三种规格储罐的总投资，见表 2-6。

储罐造价 表 2-6

储罐直径（m）	$D=93$	$D=96$	$D=100$
储罐投资（万元）	2050	2070	2105

从表 2-6 可以看出，随着储罐直径的增加，储罐造价也增加。其中还未考虑浮顶的投资费用。对于浮顶，直径越大，造价也越高。如果加上浮顶的费用，则三种规格的投资差还要增大。因此可以认为，对于这三种储罐，直径越大，其造价也越高。因此推荐 15 万 m^3 大型储罐的基本规格参数为：直径 $D=93m$，高度 $H=24m$。

2.4 大型浮顶储罐设计理论与发展现状

目前国内大型储罐的设计标准规范大体有三个：《立式圆筒形钢制焊接储罐设计规范》（GB 50341—2014）；《石油化工立式圆筒形钢制焊接储罐设计规范》（SH 3046—1992）；《钢制焊接常压容器》NB/T 47003.1—2009（JB/T 4735.1）第十二章"立式圆筒形储罐"；国外标准主要有：美国石油学会标准《钢制焊接石油储罐》API 650 和《大型焊接低压储罐设计与建造》API 620；日本工业标准《钢制焊接储罐结构》JISB 8501；英国标准《石油工业立式钢制焊接储罐》BS 2654，上述外国标准中，美国石油学会标准 API 650 和 API 620 是世界上公认的应用最为普遍的储罐设计建造标准。这里所说的规范，实际指用于罐壁强度计算时所采用的规范，对于抗风、抗震等动载荷的选取，由于国内外地质条件不尽相同，各个规范的计算特点也不尽相同。

我国设计规范《立式圆筒形钢制焊接储罐设计规范》（GB 50341—2014）、日本工业标准《钢制焊接储罐结构》（JISB 8501）、英国标准《石油工业立式钢制焊接储罐》（BS 2654）等均采用"定点法"计算壁板厚度，即认为每圈壁板的最大环向应力出现在距该圈罐壁板底部 0.3m 的位置，以此位置的静液压力作为该圈罐壁的设计压力来计算罐壁板厚度。"定点法"也称"一英寸法"，该计算方法比较简单，但是一些实测和理论数据表明，采用"定点法"计算的罐壁板厚度，底部壁板的应力往往比较大，甚至会超过材料的许用应力，使底部壁板的设计偏于危险；但是上部壁板的应力则偏小，容易造成材料的浪费。因此，"定点法"计算的壁板厚度不够合理。而"变设计点法"既考虑了罐底板约束对罐壁受力产生的影响，同时也考虑了下圈较厚罐壁对较薄的上圈罐壁的影响，从而计算出各圈壁板的最大环向应力点，能够合理地确定各圈壁板的厚度，使每圈壁板的应力趋于均布，并接近于罐壁设计计算时采用的许用应力值，这样便充分利用了罐壁钢板的厚度，挖掘材料潜力，节省了材料，使储罐的建造更加经济。综合对比了国内外各种储罐设计规范，选用"变设计点法"罐壁强度计算方法，较"定点法"更为科学合理，提高了材料的利用率。

API 650 和 JISB 8501 用于计算储罐罐壁强度时的主要区别有：（1）许用应力的取值不同；（2）底圈壁板焊缝系数的选取不同；（3）是否考虑罐壁最大应力点上移，即采用变点法还是定点法计算；（4）计算水位高度的取法有区别；（5）储液密度和腐蚀裕量的取法不同。应该指出的是，API 650 要求材料的屈强比≤0.75，从 API 650 推荐的材料来看，材料的屈强比没有超过 0.75，设计的超大型浮顶储罐所用材料均为 $\sigma_s \geqslant 490MPa$，$\sigma_b = 610 \sim 730MPa$，标准屈强比为 0.803，实物水平往往超过 0.90，从实际计算结果比较来看，JISB 8501 计算的底圈壁板较厚，而底圈上面的第二圈较薄。按 API 650 计算的结果正好相反。从国内几次充水期间的应力测试来看，按 JISB 8501 计算的罐壁厚度，第二圈的实测应力往往有个别点超过许用应力，而且第一圈与第二圈有较大的应力梯度，按 API 650

计算的罐壁厚度，第一圈则略显应力偏大，包括按 API 650 选取的边缘板厚度，因此，两种规范的选取，还需要设计者做认真的比较。

近年来，随着国民经济的飞速发展和国家原油战略储备库项目的实施，大型储罐的建造逐年迅速增加，因此，尽快提高我们建造大型储罐的技术水平就成为当前最重要的事情。国内外对于大型储罐研究较多，主要表现在常规大型储罐设计和有限元仿真计算以及储罐顶部结构的分析、大型储罐的基础、大型储罐晃动分析；同时对储罐的建造技术以及材料选择方面和安全性进行了研究；随着储罐的设计技术日趋提高，特别是 $10 \times 10^4 \, \text{m}^3$ 以下储罐的设计、施工技术已非常成熟，基本形成了一整套的设计系列和配套的施工方案。

常用的设计方法可分为常规设计方法和分析设计方法。压力容器的"分析设计方法"起源于薄壳理论和受弯曲梁理论；分析设计法正在经历从以弹性分析方法向非弹性分析方法方向发展的过程。根据压力容器的规范级别和结构形式的不同，压力容器部件设计采用不同的设计方法。现行的分析设计方法是以弹性应力分析和塑性失效准则为基础的设计方法。根据结构的不同失效形式进行应力分类，将分类后的应力按相应的应力强度准则加以限制，以设计出安全可靠、经济的压力容器。

应力分析中最常见的数值方法就是有限元法。该方法现有很多商用软件出现，如 LI-RA、KASKAD、SPRINT、NASTRAN、ASKA、ANSYS、COSMOS/M 等。未来越多领域的应用，越能促进它的发展。自我国发布并实施《钢制压力容器-分析设计标准》（JB 4732—1995）规范以来，我国已在压力容器设计上取得了丰富的经验，目前有限元应力分析已经成为实施分析设计的重要工具。李新亮等采用有限元 ANSYS 分析软件，按照两种不同的有限元建模和网格划分方案，从液压试验、设计工况条件下进行了有限元应力分析设计和强度评定，比较了两种工况不同有限元处理方案时第三应力强度最大应力的位置及大小。赵继成等利用有限元分析软件 ANSYS 建立了大型原油储罐的二维轴对称和三维有限元模型，采用接触单元模拟罐底与地基间的相互作用，分析储罐的应力分布。张卫义等针对内压圆柱壳大开孔率结构，分别以接管补强结构、整体锻件补强结构和加强圈补强结构为研究对象，采用三维线弹性有限元数值分析方法，较全面地研究了补强区的应力分布规律。王磊采用有限元方法，应用 ANSYS 程序，按照分析设计的原则和方法（即弹性应力分析和塑性失效准则），对大型薄壁压力容器大开孔接管的接管平齐式补强、接管插入式补强及加强圈补强三种补强结构建立三维有限元模型，进行弹性应力分析，得到三种补强结构的应力分布特点。曹庆帅把储罐周边地基不均匀沉降展开成各阶谐波沉降的傅里叶级数，将各阶谐波沉降引起的变形和内力叠加起来可得到完全解，整理了各类大型储罐沉降变形的大量实测数据，并利用傅立叶分解分析罐周不均匀沉降的组成及特点。葛颂选取圆筒形钢制非锚固立式储液罐为研究对象，针对立式储液罐由于地震产生的"象足"屈曲现象，在考虑大变形几何非线性和材料非线性条件下，利用非线性有限元法，对一定尺寸范围内的储罐进行了准静态弹塑性屈曲分析，对轴向均部压力作用下，环向应力和轴向压缩失稳能力之间的关系进行了研究。周利剑针对立式储罐向着体积增大、基底浮放、罐壁变薄方向发展的特点，采用数值分析方法和振动台试验，研究了水平激励下结构与地基动力相互作用及水平激励下影响动响应的因素；研究了水平激励下液体晃动的波动特性，并与已有的研究成果和试验结果进行了对比分析，取得了有益于立式储罐抗震研究的成果。同时，针对不同区域储罐的建造，国外许多学者都针对性地对储罐在此区域的抗震性能做了研究。

在对储罐提离现象研究方面，国内外许多学者都对内部流体晃动导致的罐底提离现象进行了研究。孙建刚等针对立式储罐地震响应及提离效应，考虑基础与土壤的相互作用，研究了降低提离的控制方法，建立了控制体系的力学分析模型，并给出了运动分析方程。戴鸿哲等为了研究立式储液罐的提离机理及大变形产生的原因，基于 ANSYS 软件建立了考虑液体晃动和罐底提离的立式圆柱形储液罐结构有限元模型，并分别进行了水平荷载和竖向荷载作用下罐底提离及"象足"变形分析。国外对于"象足"变形产生的原因普遍持两种观点，SLONE A. K. 等认为罐壁"象足"变形主要是由于地面的水平运动带动罐底运动引起，AGHAJARI S. 等认为"象足"是由垂直于地面运动引起的。

在罐壁和罐顶的应力研究方面，刘巨保、张学鸿针对 $10000m^3$ 拱顶储罐的腐蚀破坏，运用有限元法分析计算了该类储罐顶板在排油和吸油两种工况下的应力与变形规律。陈志平等分析了罐壁应力分布的基本特点，提出了一种组合圆柱壳理论的应力计算解析方法，大大提高罐体应力计算结果的准确度。对于罐壁焊缝处的峰值应力等效线性化处理是国外学者 Kroenke W. C. 等在 20 世纪 70 年代提出来的。M. W. Lu 提出一次结构法来解除导致该最大应力的约束，分析了影响薄壳结构稳定性的诸多因素。Motohiko 等提出不同的网壳理论，分析了制造和安装的偏差对屈曲荷载的影响。B. G. Johnston 对网壳失稳问题进行了论述，其观点被广泛地应用于网壳结构工程。对于罐顶的局部失稳 Crooker 给出网壳的局部屈曲判据，金龙波、黄文霞等对拱顶罐的拱顶失稳进行了有限元分析和讨论；尹晔昕等为解决大跨度拱顶（内浮顶）储罐的计算问题，采用有限元技术进行计算和分析；尹晔昕，薛明德对内压作用下具有三种结构形式承压圈（角钢型、圆锥壳型、圆环壳型）的各种容积的拱顶储罐进行了比较全面的强度分析与稳定性分析，并且对三种结构形式的拱顶储罐的变形方式、应力状态、塑性变形历史、塑性极限压力、弹性失稳临界压力进行了分析与对比。

随着储罐的大型化，对于超大型储罐在设计制造过程中，并没有明确的设计规范。因此，需要对已经建造好的储罐进行必要的应力测试，来检测其设计的可靠性和储罐的安全性。目前对于大型储罐的测试方法主要采用静态电阻应力-应变的测试方法。早期郭金龙等人就开展了储罐在充水试验期间，地基沉降和罐体应力变化，在 1999 年，王乐琴等人就采用 YJR-5 型静态电阻应变仪和预调平衡箱以及 BX120-3BA 型两向应变片对 $10\times10^4m^3$ 储罐进行了应力测试。随后李多民等人采用同样的测试方法对 $12.5\times10^4m^3$ 储罐进行了应力测试。目前对 $15\times10^4m^3$ 储罐尚未有相关测试文献。

由于储罐多体（储罐、地基、存储介质）动力学分析需要进行海量计算，占用大量的计算机存储空间以及 CPU 运行时间，随着计算机网络的普遍应用，国内外学者进行了协同设计的理论研究。结果表明，协同设计具有大规模协作的特性，即交互群体地域范围的分散性、环境的异构性、业务和学科领域的广泛性、信息的多样性等，因此围绕储罐多体动力学分析的协同设计系统成为新的研究方向。

计算机支持的协同工作 CSCW (Computer Supported Cooperative Work) 的研究开始于 20 世纪 60 年代。美国的 D. Englerbart 发表了一篇名为"A Conceptual Framework for Augmentation of Intellect"的论文，开始了 CSCW 研究的序幕。CSCW 作为一个独立的研究领域则是由 MIT 的 Irene Greif 和 DEC 的 Paul Cashman 等于 1984 年在描述他们所组

织的有关如何利用计算机来支持不同领域和学科的人们共同工作的研究题时提出来的。CSCW 定义为一个利用计算机技术、网络与通信技术、多媒体技术以及人机接口技术将时间上分离、空间上分布而工作上又互相依赖的多个协作成员及其活动有机地组织起来，以共同完成某一项任务的分布式计算机环境。

CSCW 整合了人们在群体中的行事方式，配合计算机网络的软硬件相关技术搭配成的合作环境，作为一个多学科交叉的新兴研究领域，不仅需要计算机网络与通信技术、多媒体技术等支持，还需要社会学、心理学、管理科学等领域学者共同协作，向人们提供了一种全新的工作环境和交流方式。目前 CSCW 的研究工作主要集中在群体工作理论、协调机制、通信机制、多用户界面、系统实现、应用研究等方面。

协同设计（Collaborative Design 或 Cooperative Design）是 CSCW 在设计领域的应用，是对并行工程、敏捷制造等先进制造模式在设计领域的进一步深化。

计算机支持协同设计（CSCD）系统是根据 CSCW 理论而建立的一种面向协同设计的计算机工作系统，其允许管理人员、设计人员、工程技术人员直至最终用户等各类有关人员可以分散在不同的工作场所，但要为这些不同部门的人员参与产品或工程项目的设计提供技术支持，使他们能密切合作，达到协同工作的目标。CSCD 由应用子系统、信息共享平台、协同工作平台、协作管理平台和网络传输平台五部分组成。由于协同设计涉及到设计过程、设计人员、计算机协同等设计实体，其特点有：群体性、并行性、动态性、异地性、异步性、协同性、信息共享性。

国内学者较多地进行了协同设计的理论研究，而在协同设计环境开发与应用方面相对欧美国家还有相当大的差距，我国尚缺乏实用的协同设计系统。概括起来，我国的协同设计系统主要集中在以下几个方面：

（1）面向协同设计的产品过程建模与仿真技术；

（2）支持并行设计系统的产品数据管理技术；

（3）并行工程集成框架技术。

国外各工业发达国家在积极支持相应机构进行理论研究的同时，在协同设计环境的开发方面也进行了很大的投入。形成的系统有：协同观察系统、辅助设计系统、协同智能设计系统。一些商用的 CAD 系统也开始提供部分协同设计功能。如 Auto CAD 使用 WHIP 及 DXF，支持图纸的 Web 发布，可以进行查看、批阅但不能编辑，因此难以实现协同交互设计，实用价值有限；Solid Works2001 plus 中的 3D Meeting 应用程序，利用微软 Net Meeting，实现对 Solid Works 应用程序的共享，但其只是借助通用工具实现的简单应用协同。ANSYS 的 CAD/CAE 协同环境 AWE（ANSYS Workbench Environment）的出现使一个集成化的协同设计技术平台成为可能，并在其统一环境中实现任意模型装配和 CAE 分析，任何 CAD 和 CAE 人员对设计的改变都立即反映到对方软件环境中，从而实现设计-仿真的同步协同，但是其系统耦合关系比较紧密，系统结构开放性不好，造成了协同环境下各种智力资源利用困难以及对"共享"支持的局限性。

计算机系统结构沿着"单机单用户—单机多用户—多机系统—计算机网络—计算机互联、互操作和协同工作"的方向发展，从协同到计算机支持的协同工作是信息时代的必然产物，它是以人们群体协作为背景、计算机和通信技术的发展和融合为基础、应用领域广泛为前提条件下自然发展而形成的。协同设计系统构建的核心技术主要是分布式对象技术，分布式对象结构把所有的应用都转化为对象的概念，其网络拓扑结构有集中式、对等式、混合式三种，商用协同 CAD 系统就是"客户端—服务器"的集中式结构，对等技术从资源管理、标准化、网际协同、智能化等方面对分布式技术做了许多重大的改进，具有支持大规模的资源共享，并行处理，异地协同工作，支持开放标准，支持动态变化服务，可实现高度智能人机对话等优秀特性，因此成为当前研究协同设计系统的首选技术。

到目前为止，大型储罐的三维地震研究还相对较少。张云峰等研究了非锚固大型储罐在水平地震力和垂直地震力同时作用下的动力响应，分别建立了竖向和水平地震分量下的力学分析模型，提出了储罐在三维地震作用下的水平位移、加速度及基底剪力的计算方法，进行了三维地震响应的数值分析和时程分析，指出了竖向地震分量对储罐动力响应的影响；王振考虑土壤地基及液罐耦合作用影响，将土壤视为弹簧阻尼系统，提出了三维简化多质点模型，对非锚固储液罐的三维地震响应进行了理论分析、数值模拟和三维震动台试验，通过分析验证了三维地震作用与一维地震作用相比，将使储罐地震响应增大的理论。国内对大型储罐的地震动力响应研究在液-罐耦合作用、地基影响因素、不同地震力的影响等方面都已经取得一定的成果。对储罐在地震力作用下的力学行为和储罐破坏原因及特征有了比较全面的了解，抗震研究也在逐渐深入。但由于储罐多体耦合的复杂性和地震响应分析的大量计算，在这一领域仍然有许多问题需要继续开展深入研究。

3 储罐地基和基础监测及处理方法

储罐作为石化行业中油品储存及周转的专用设施，正朝着大型化趋势发展。世界最大储罐已达 $24\times10^4m^3$，我国建造并使用的最大储罐为 $15\times10^4m^3$，其中 $10\times10^4m^3$ 储罐已屡见不鲜。随着储罐罐容和直径不断增大，储罐作为短圆柱薄壳结构的特性随之退化。

3.1 主要可能存在的问题

3.1.1 储罐破坏的主要原因

我国大型钢储罐多在浙江、上海、山东等沿海软土地区建造，由于基础地质状况的不均匀性，在非均匀分布的外荷载作用下，大型储罐会产生各种沉降变形，包括壁板沉降（均匀沉降、平面倾斜和不均匀沉降）和底板沉降（边缘沉降和局部凹陷）。

国内外大量储罐事故表明，地基沉降是导致储罐破坏的主要原因，尤其是罐周不均匀沉降。不均匀沉降可能会引起罐体几何变形和应力集中，导致浮盘运行受阻，甚至使焊缝撕裂、原油泄漏而酿成事故。因此，大型储罐的沉降问题越来越受到油气行业的关注。如 Marr 等提出了储罐沉降控制标准，但这些标准大都是基于土力学原理而得出的经验和半经验公式，对储罐在地基变形下的结构行为很少涉及。各国为了确保储罐完整性及其使用安全，在上述研究的基础上制定了各自的基础沉降控制标准，如欧洲的 EEMUA 159—2003、美国的 API 653—2009，以及我国的 SH/T 3123—2001 和 SY/T 5921—2011。对比上述储罐沉降控制的技术标准可以看出，国内外对于储罐沉降的评价指标有所不同，沉降量的允许值也存在较大差异。此外，目前有关大型储罐地基沉降状况检测的第一手资料也十分缺乏。

3.1.2 储罐地基设计应注意的问题

（1）在设计之初应对建造地基位置土层状况以及承压能力做细致的勘察及分析，通过实验分析取得详细的地质条件数据，并对取得数据合理利用，制定详细可行的设计方案，避免因对原土层的地质数据缺乏造成设计失误。

（2）作为储罐承重的基础，要考虑采用素土夯填是否方便可靠，并要根据可能出现的夯实不均匀程度，在设计中留有足够的安全系数。对露天回填如何保证土方的含水量应提出具体的措施，还应考虑阴雨季节土方分筛堆放的困难。

（3）在试水压实的过程中要严格控制充水和放水的速度，要严格执行技术规范中恒压时间的要求，以达到将地基压实的目的，防止正式生产后由于充水压实不完善造成二次压实，引发地基继续下沉，影响设备及生产安全。

（4）采取强有力的技术监督措施确保工程质量，合理安排工程进度。

3.2 大型储罐场地地基与基础的评价方法

3.2.1 一般规定

（1）地基与基础施工，施工单位应具有相应的专业资质，并建立完善的质量管理体系，且应做好下述准备工作：

① 设计交底、图纸会审，编制施工技术文件；

② 施工定位桩和水准点的测量布点工作，并采取保护措施，且有明显标识；

③ 查清地下隐蔽工程的分布；

④ 施工道路和排水措施等施工设施。

（2）对素土地基、灰土地基、砂和砂石地基、强夯地基、石屑地基、级配碎石地基、预压地基等，其地基承载力应达到设计文件要求。检验数量，每台罐基不应少于 3 点；1000m² 以上，每 100m² 至少应有 1 点；3000m² 以上，每 300m² 至少应有 1 点。

注：（2）条参考《建筑地基基础施工质量验收规范》（GB 50202—2002）第 4.1.5 条制定。对灰土地基、砂和砂石地基、土工合成材料地基、粉煤灰地基、强夯地基、注浆地基、预压地基，其竣工后的结果（地基强度或承载力）必须达到设计要求的标准。检验数量，每单位工程不应少于 3 点，1000m² 以上工程，每 100m² 应至少有 1 点，3000m² 以上工程，每 300m² 至少有 1 点。每一独立基础下至少应有 1 点，基槽每 20 延米应有 1 点。

该条是针对单一地基的质量检验。这类地基的质量检验指标较多，有十字板剪切强度，有动力触探，也有直接用地基的承载力来检验，取决于设计规定或地区的经验，因此，这里也没做具体规定。但是，规范对数量作了明确规定，不管是那种方法的检验，都可作为 1 个点，只要不是同一地点。对于有间歇期要求的地基，应按规定在间歇期后，进行质量检验。各种指标的检验方法，可按《建筑地基处理技术规范》（JGT 79—2002）的规定执行。

（3）对砂桩地基、振冲桩地基，其承载力应达到设计文件要求。检验数量为桩总数的 0.5%～1%，但不应少于 3 处。有单桩强度检验要求时，数量为总数的 0.5%～1%，但不应少于 3 根。

注：（3）条参考《建筑地基基础施工质量验收规范》（GB 50202—2002）第 4.1.6 条制定。对水泥土搅拌桩复合地基、高压喷射注浆桩复合地基、砂桩地基、振冲桩复合地基、土和灰土挤密桩复合地基、水泥粉煤灰碎石桩复合地基及夯实水泥土桩复合地基，其承载力检验，数量为总数的 0.5%～1%，但不应少于 3 处。有单桩强度检验要求时，数量为总数的 0.5%～1%，但不应少于 3 根。

该条是针对复合地基的质量检验。这类地基中桩是主体，应检验桩体的成桩质量及桩的竖向承载力。对于桩体质量及承载力，各地也有相应的经验与习惯，究竟以何指标衡量也有所不同。有的用静力触探来检验水泥搅拌桩或高压喷射注浆桩的质量，有的用钻孔取样法进行检验。具体用何种指标，这里也没做具体规定，应由设计决定。对于有间歇期要求的地基，应按规定在间歇期后，进行质量检验。桩的承载力检验，如进行了复合地基的承载力检验，则不必重复再作桩的承载力检验。

（4）填料压实后宜采用环刀法取样测定干密度，取样应位于 2/3 深度处，也可用贯入测量法检查。砂石地基还可在地基中设置纯砂检查点进行检查，强夯地基还可用静力触探法进行检查。砂桩地基、振冲桩地基的质量检查宜采用贯入测量法或静力触探法在桩施工完成后间隔一定时间进行。

（5）主控项目及一般项目可随意抽查，但复合地基中的振冲桩、砂桩至少应抽查 20%。

注：第（2）和第（3）条针对两种地基的主控项目中的地基强度或承载力作出了数量上的规定，由于主控项目不局限于此两项，其他主控项目及一般项目的检验数量亦未作具体规定，但至少要多于该两个项目应检验的量，而且已决定要做这两个项目的地点或桩体，其他主控项目或一般项目应在同一地点（或临近）或同一桩体上进行。第（5）条还明确了复合地基中的桩体，除上述两个主控项目外，其他主控项目及一般项目，其检验数量不应低于总数的 20%。

3.2.2 地基基础沉降的国内外标准

对大型浮顶储罐沉降控制标准尚不统一（表 3-1，D 为储罐内径，m；ΔS 为罐周相邻观测点间沉降差，mm；l 为相邻观测点间圆周弧长，m；S_i 为相对变形量，mm；U_i 为不均匀沉降量，mm；L 为观测点间弧长，m；Y 为屈服强度，MPa；E 为弹性模量，MPa；H 为油罐高度，m），但评价指标有 3 项：对径点沉降差（平面倾斜）、相邻点沉降差（非平面倾斜）和不均匀沉降量。

国内外不同标准对 $10 \times 10^4 \mathrm{m}^3$ 罐壁的沉降控制标准 　　　　表 3-1

评价标准	标准名称	沉降评价指标	沉降允许值
SH/T 3123—2001	石油化工钢储罐地基充水试压监测规程	平面倾斜	$0.003D$
		非平面倾斜	$\Delta S/1 \leqslant 0.0025$
API 653—2009	地上储罐检验、修理、改建	不均匀沉降量	$S_i \leqslant 11L^2y/(2EH)$
SY/T 5921—2011	立式圆筒形钢制焊接原油罐修理规程	10m 弧长内相邻沉降差	$\leqslant 12\mathrm{mm}$
		对径点的沉降差	$\leqslant 0.0035D$
		不均匀沉降量	同 API 653
EEMUA 159—2003	地上立式圆柱钢制储罐维修和检测用户指南	任意 10m 两测点沉降差	$\leqslant 100\mathrm{mm}$
		不均匀沉降量	同 API 653

大型储罐属于柔性结构，每种沉降类型都会影响其结构完整性，尤其是不均匀沉降。罐壁产生的附加应力会使储罐椭圆度发生变化，妨碍浮顶的移动，损坏接管等附件。通常采用余弦曲线拟合罐壁沉降，分离出不均匀沉降量。当判定系数 $R \geqslant 0.9$ 时，认为最佳余弦曲线是有效的。

$$R^2 = (S_{yy} - SSE)/S_{yy} \tag{3-1}$$

式中：$S_{yy} = \sum(S_o - S_{oa})^2$，$S_o$ 为沉降观测值，S_{oa} 为沉降观测值的均值；$SSE = \sum(S_o - S_c)^2$，S_c 为余弦曲线值。

3.2.3 储罐基础沉降的标准评价

根据表 3-1，评价某地 7 座储油罐的对径点沉降差 a、相邻点沉降差 b 及不均匀沉降量

S_i'（表 3-2）。各个储罐的沉降状况差别较大，其中 T01 的对径点沉降差最大，达到 193mm，表明储罐的平面倾斜最大；T07 的相邻点沉降差为 58.4，不均匀沉降量为 28.076，是所有储罐中沉降最为严重的，这与实际情况相符，储罐排水管管托因沉降失去支撑作用（图 3-1）。

储罐对径点沉降差、相邻点沉降差和不均匀沉降量 　　　　　　　　　表 3-2

罐号	液位高度/m	载荷/kPa	对径点差/mm	相邻点差/mm	不均匀沉降量/mm
T01	18.27	166	193	49.9	20.2470
T02	18.37	167	176.5	49.2	26.0270
T03	15.46	141	68.3	24.4	21.0120
T04	18.27	166	99.9	27	21.8652
T05	18.37	167	104.6	22.9	19.1271
T06	18.8	171	153.1	35.3	20.9490
T07	18.97	173	176.8	58.4	28.0760

图 3-1　沉降引起的管托失效

大型储罐底板与基础的连接方式为非锚固，即底板直接坐落于地基表面，靠底板与基础的摩擦维持相对稳定。大型非锚固浮顶油罐一般采用钢筋混凝土环墙式桩基，如图 3-2 所示。储罐沉降分为很多种类型，根据 API 653《地上储罐检验、修理、改建》和 EE-MUA 159《地上立式圆柱钢制储罐维修和检测用户指南》，将其划分为罐壁板沉降和底板沉降，其中罐壁板沉降分成平面沉降和非平面沉降两类，罐底板沉降分为边缘沉降和局部凹陷，具体分类如图 3-3 所示。

（1）整体均匀沉降

整体均匀沉降是由储罐罐体沿轴向均匀下沉产生的刚体移动，如图 3-4（a）所示。此种类型的沉降可以根据土壤的特性测试进行提前预测，沉降量较大，需要充分考虑其对罐壁进出油管道等附件位置的影响，如接管与储罐间的位移差引起的局部应力集中和法兰密封失效，但一般不会影响储罐结构的安全和完整性。

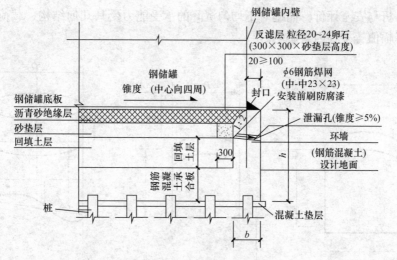

图 3-2 混凝土环墙式地基

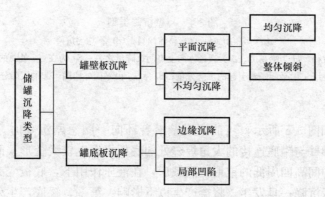

图 3-3 储罐沉降类型

（2）整体均匀倾斜

整体均匀倾斜如图 3-4（b）所示，是储罐壁板随地基的沉降产生了刚性位移，此时，罐壁底部一圈位于一倾斜的截面上。Greenwood、Bell 和 Iwakiri 分别在 1974 年、1980 年研究过整体倾斜对储罐结构的影响。结果表明，只有在沉降量很大时，整体倾斜才对结构产生一定影响。整体均匀倾斜的危害如下：第一，致使罐体直径发生变化，引起罐体不规则的椭圆化现象，降低浮盘的密封性能，阻碍浮盘随液位的正常运行，甚至造成严重的卡盘或翻盘事故。第二，使沉降量较大侧的液位升高，罐壁的环向应力增大，对称侧压力降低，改变储罐的轴对称应力状态，并引起储罐的整体弯曲；储罐的高径比越低，此种现象越明显。第三，同整体均匀沉降类似，导致罐壁接管位置的局部应力集中与变形。

（3）不均匀沉降

罐壁下端的不均匀沉降是最容易发生的沉降类型，如图 3-4（c）所示。由于不均匀沉降在数值上远小于均匀沉降和整体倾斜而常被忽视，但此种沉降对储罐结构的影响却最大，危害性极高。不均匀沉降会造成罐底板产生不规则变形，使壁板与底板连接处的应力重新分布，降低储罐强度及稳定性，引起罐壁大变形，导致浮盘密封失效，严重时可造成储罐的破坏。不均匀沉降量无法通过土力学原理进行预测，只能通过定期的沉降观测试验进行数据分析与安全评价。储罐对不均匀沉降的承受能力受其几何结构、载荷分布、材料特性及沉降幅值等多种因素影响。

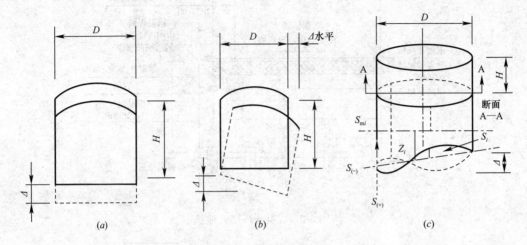

图 3-4 罐壁沉降类型

(a) 均匀沉降；(b) 整体倾斜；(c) 不均匀沉降

注：D 为罐直径；H 为罐高度；Δ 为直径方向上点间沉降量之差；S_{mi} 为在点 i 处总的实测沉降量；Z_i 为点 i 由平面倾斜引起的沉降分量；S_i 为点 i 由平面外扭曲引起的沉降分量。

(4) 边缘沉降

罐底板沉降如图 3-5 所示。当油罐罐壁沿着环向一圈急剧沉降时，就会发生边缘沉降，此时，靠近罐壁与罐底连接的大角焊缝处的底板将发生较大变形。而储罐底板最初具有一定坡度，呈中间高四周低的锥形，满载后，在液压作用下，底板变为中间低四周高的盆型。因此，边缘沉降一旦发生，将会产生以下影响：第一，罐底产生死油区，储罐的有效容量减小；第二，罐底沉积的水分及污染物难以排出，加速罐底板腐蚀；第三，罐底板及焊缝产生附加应力，激化局部应力状态。边缘沉降对于大型储罐而言少有发生，因为根据地基结构的设计，钢筋混凝土环墙刚度远大于弹性地基的刚度。

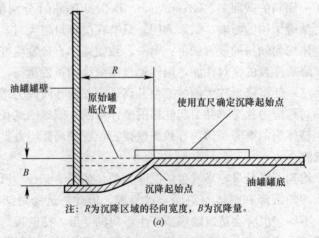

注：R 为沉降区域的径向宽度，B 为沉降量。

(a)

图 3-5 罐底板沉降类型（一）

(a) 边缘沉降

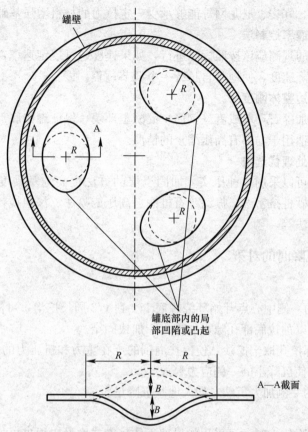

注：R为凸起或凹陷区域的内接圆半径；B为凹陷深度或凸起高。

(b)

图 3-5 罐底板沉降类型（二）

(b) 局部凹陷

（5）局部凹陷

罐底板局部凹陷随机发生在距大角焊缝一定距离的位置，是由于储罐地基垫层铺筑不均匀或地基的局部沉降引起的，会导致底板及焊缝的受力状态复杂化，严重时导致罐底板破裂漏油。

3.3 储罐沉降处理方法

3.3.1 预防地基沉降的方法

（1）罐基础中心加强法

① 根据现场地质条件，将罐基础中心区的碎石桩加密，周边逐渐变稀。

② 罐中心区桩直径加大，周边区桩直径减小；也可将中心区桩加长，外围区桩缩短。

③ 采用预抬高法保证底板锥面坡度。

（2）罐基础内外回填料加强法（褥垫法）

提高回填土尤其是地面上方回填材料硬度，如使用碎石代替回填土和沙石料，或者在

23

填料中加土工织物、麻袋、尼龙网等能够承受一定拉力的材料增强基础。

(3) 环墙沉降速率控制法

环墙下降速率的观测应该按照标准进行，如果速度超过规定速率，可以将载荷稳定一段时间，以减缓沉降速度，使地基自身有一个调节过程。

(4) 加强罐周边整体刚度法

在罐底周围增加碎石环墙或者（钢筋）混凝土环墙，保证罐体底部土层不易向非受力外侧变形，此方法适用于局部有高压缩土的情况。

(5) 软弱地基处理优选法

对于软弱地基可以采用多种压实、加固土层的方法提高地基硬度。主要有振动碾压法、振动密实法、砂桩挤密法、振动碎石桩法、高压旋喷法、深层搅拌法、强夯法、充水预压法和真空加压法等。

3.3.2 已发生沉降时的对策

(1) 沉降小

① 在沉降小的一侧中心点开始环绕罐底 1/2 到 1/3 周长挖沟，可使其侧压力减少，侧向变形加大，还可以加快底部孔隙水的排出，加快固结。

② 从罐底局部挖孔取土挖沙，使挖孔周围的土在重力和挤压力的作用下将钻孔填实，产生多余的沉降，使沉降小的一侧应力释放。

③ 向沉降小的一侧加大负载，加大地基沉降量。

(2) 沉降大

当储罐一侧沉降较大时，可采用如局部土体挤密或增设树根桩以加大局部地基土刚度的方法，减少沉降。也可采用高压水泥浆将罐体抬起，此时，要划定范围，作好密封，按计划将指定部分抬高。也有人在沉降过大一侧用千斤顶将罐顶起，向罐底吹砂或灌注混凝土将地基提高。

(3) 加强罐周限制

此法主要是用来保证罐体底部土层不易向非受力外侧变形，一种办法是在罐周设置钢筋混凝土环墙，另一种办法是在罐壁一周打灰土挤密桩，而中间不做任何处理，或者在环墙外加打碎石保护桩，用来限制罐底地基土的侧向变形。

3.4 储罐沉降案例

3.4.1 地基勘探不明造成工程事故

案例 1：2003 年，某油田集输站新建 2 台 2 万 m^3 钢质浮顶油罐，软土地基条件，水泥粉煤灰碎石桩（CFG）与砂桩复合桩基，环墙式基础。试运行中，当两罐浮顶升起至极限高度 13.5m 时，圆周最大沉降差达到 129mm，不均匀沉降为 4.25‰。经考察分析认为，在新罐设计之初没有充分考虑到原有 6 台 5000m^3 无力矩式旧罐罐体运行过程中对于地基的压实作用，新罐地基部分搭接建造在旧罐地基上，新老土层的压实度不同，造成了新罐沉降不均。根据本工程地基处理方案和环梁罐壁沉降情况，采用挖砂法进行纠偏，取得了良好效果。

案例 2：某石油公司油库规划设置 3 台 2 万 m³ 油罐、5 台 5000m³ 油罐和 3 台 3000m³ 罐。1 台 2 万 m³ 油储罐安装完工进行充水预压试验，当达到油罐体积约 2/3 时，储罐基础产生不均匀沉降，基础圈梁与罐底开裂 27cm，与罐体连接输油管线被拉裂。同时，罐体周边地表出现 3 次塌陷。后查明的原因是设计之初没有勘探到施工所在区域油罐下的复杂填充性岩溶及犬牙交错的岩层面情况，而罐体正好落在两个溶洞之上，地面基础设计存在严重缺陷，预压时又注水过快。最终地基处理方案由填充溶洞及改善基岩上地基土的压缩性两部分组成。

3.4.2 施工质量造成的工程事故

案例 3：河南省平顶山尼龙盐有限责任公司原料罐罐体直径最大为 18.5m，最小为 4.0m，基础为钢筋混凝土环梁结构，中间结构从下到上依次为夯实素土、砂垫层、沥青绝缘层，在回填土时土方质量参差不齐，施工中雨水较多，晾晒困难，直到开工 1a 后沥青砂面层才开始施工。之后在试水过程中发现放水后底板最大沉降量为 16.5cm，固定储罐的螺栓也有不同程度破坏。在对土层的检查过程中发现其内部回填土成泥糊状，含水率基本饱和。最终将储罐全部吊离，对回填土进行返工处理，造成较大损失。

案例 4：某厂新建一罐区，共 11 台立式储罐。罐体施工完毕进行充水试验后发现罐底有不同程度的凹凸变形，沉降最严重的 1 台储罐直径 12.5m、高 12.2m、体积 1496m³，环墙内自上而下为沥青砂、砂垫层、素回填土和素混凝土垫层。根据资料，罐体在试水前检验合格，基础下陷的主要原因是基础内回填土、回填砂、沥青砂回填密实度不够，且雨水严重浸泡未能及时排出造成的。后采用袖管灌浆法（专利技术）从多处灌浆口分段重复灌浆加固。

3.4.3 不符合规范造成的工程事故

案例 5：江汉油田 2 台 5000m³ 金属罐高 12.6m，直径 23.6m，基础为钢筋混凝土环梁结构，中间基础从下到上为素土夯实、灰土层、砂土层和沥青绝缘层。此油田位于湖北省江汉平原的沼泽区和填土地带，地基均为软土层。在充水预压时，基础出现不均匀沉降，其中 1 台的沉降差为 49mm，另 1 台的沉降差为 45mm。纠偏方法：在罐基础沉降少的一侧挖一条略深过混凝土环梁的排水沟，用泵定时在边上抽水，历时 20 多天，纠偏获得成功。

案例 6：某油库工程的成品油罐区位于沿海软弱土层上，共建有 4 台直径 30m、1 万 m³ 的内浮顶储罐，其平面布置为一条直线，罐净距为储罐直径的 0.4 倍。罐基础采用水泥搅拌桩复合地基，基础外侧扩布两排桩。储罐建成后不久便由于基础沉降不均，内浮盘出现卡盘现象，中间 2 台罐更为严重。从预压过程分析 2 台罐充满水后的恒压时间仅 14d，基础沉降值仅为地基基本稳定后总沉降值的 40% 左右就匆忙放水卸荷。后采用地面堆载纠偏使储罐恢复了正常运行。

3.4.4 基础缓慢沉降造成的工程事故

案例 7：某原油罐直径 60m，总高 19.32m，为外浮顶结构。使用时发现在单盘上漏出大量原油，不能正常使用，在排除了其他可能造成原油泄漏的原因后，发现该罐经多年使用，基础发生不均匀沉降，致使罐体变形较大，引起原油泄漏。纠偏方案是采用液压顶升的方法，在原基础顶部加设楔形混凝土环梁，将基础环梁顶面喷砂填充找平。

3.5 储罐场地地基和基础的主要处理方法

3.5.1 预压排水加固地基

在软土地基上建造大型储罐的主要问题是，地基压缩层内土的强度低，承载力不足，造成基础出现大量沉降。如事先对这类地基不进行加固处理，储罐基础就会出现大量的沉降和不均匀沉降，严重时甚至会造成地基的局部失稳而导致地基破坏，直接影响储罐顶盖的浮升和降落，造成连接管道处的断裂等事故。预压排水固结法是在储罐投产使用之前，通过水荷载对地基进行超载预压，使地基在预压荷载的作用下，饱和软土产生排水固结，促使地基固结沉降，抗剪强度相应提高。一般经过预压固结加固地基的承载力可以提高2～3倍，从而减少了储罐地基的沉降和不均匀沉降，增大了稳定性。实践表明，利用储罐内的充水作为预压地基的荷载加固地基，经济方便，可以取得良好的效果。其原理是在逐级加荷过程中产生的总沉降量为 S_1，压载过程中产生的沉降量为 S_2；卸掉预压荷载后基础产生回弹量为 S_3（一般回弹沉降量很小），储罐交付使用后，基础产生的一些剩余沉降为 S_4（在工程实践中，通过预压固结后 S_4 也不是很大，一般仅为基础总沉降 S 的20％～30％）。预压固结法能否获得满足工程要求的实际效果，主要取决于地基土层均匀性、固结特性、土层的厚度、预压荷载的大小、预压时间的长短等因素。如果软土层不太厚或土的固结系数较大，则不需要预压很长时间就可以获得较好的效果；反之，饱和软上层比较厚，而且土的固结系数比较小，则预压固结使土排水固结所需的时间就长，为了加速土的排水固结，预压加固法常常与砂井排水法等并用。储罐基础采用预压加固的特殊优点是，利用罐体必须试漏充水作为预压荷载的便利条件，既简单又可行，是造价较低的地基处理方法，得到了广泛的推广应用。

3.5.2 振冲碎石桩

振冲碎石桩根据加固机理的不同可分为振冲挤压法和振冲置换法。

（1）振冲挤压法

主要是利用振动和压力水使砂层发生液化，砂颗粒重新排列，孔隙减少，从而提高砂层的承载力和抗液化能力，此方法主要用于挤密砂土地基。其加固机理如下：

① 挤密效应

对振冲挤密法，在施工过程中由于水冲使松散砂土处于饱和状态，砂土在强烈的高频强迫振动下产生液化，并重新排列致密，且在桩孔中填入大量的粗骨料后，被强大的水平振动力挤入周围土中，使砂土的相对密实度增加，孔隙率降低，干密度和内摩擦角增大，土的物理力学性能得以改善，使地基承力大幅度提高，因此抗液化的性能得到改善。

② 排水减压效应

对砂土液化机理的研究证明，当饱和松散砂土受到剪切循环荷载作用时，将发生体积收缩和趋于密实。在砂土无排水条件时，体积的快速收缩将导致超孔隙水压力来不及消散而急剧上升，当砂土中有效应力降低为零时，便形成了完全液化。碎石桩加固砂土时，桩孔内充填反滤性好的粗颗粒料，在地基中形成渗透性能良好的人工竖向排水减压通道，可有效的消散和防止超孔隙水压力的增高和砂土产生液化，并可加快地基的排水固结。

③ 预震效应

美国 H. B. Seed 等人的试验表明，砂土液化的特性，除了和土的相对密实度有关外，还与其振动应变史有关。在振冲法施工时，振冲器以每分钟 1450 次振动频率，$98m/s^2$ 水平加速度和 90kN 激震力喷水沉入土中时，使填料和地基土在挤密的同时获得强烈的预震，这对砂土增强抗液化能力是极为有利的。

（2）振冲置换法

利用一个振动的管状设备，在地基上边振边冲成孔，再在孔内分批填入砂、砾及碎石等坚硬材料制成的桩体，而桩体又和原来的土层构成复合地基。与原始地基相比，复合地基的承载力高、压缩性小。此方法主要用来加固黏性土地基。

对黏性土地基（特别是饱和黏土），由于土的黏粒含量多，粒间结合力强，渗透性低，在振动力或挤压力的作用下土中水不易排走，所以碎石桩的作用不是使地基挤密，而是置换。振冲碎石桩是一种换土置换，即以性能良好的碎石来替换不良的地基土。

振冲法施工时，通过振冲器借助其自重、水平振动力和高压水，将黏性土变成泥浆水排出孔外，形成略大于振冲器直径的孔，再向孔中灌入碎石料，并在振冲器的侧向力作用下，将碎石挤入周围孔中形成具有密实度高和直径大的桩体，它与黏性土（作为桩间土）构成复合地基而共同工作。

在制桩过程中，由于振动、挤压和扰动等原因，桩间土会出现较大的附加孔隙水压力，从而导致原地基土的强度降低。一旦制桩结束后，一方面原地基土的结构强度会随着时间逐渐恢复，另一方面孔隙水压力会向桩体转移消散，结果是有效应力增大，强度提高和恢复，甚至会超过原土体强度。

但碎石桩法用于处理软土地基，虽国内外也有较多的工程实例，仍应注意由于软黏土含量高、透水性差、碎石桩很难发挥挤密效用，其主要作用是置换并与软黏土构成复合地基，同时加速软土的排水固结，从而增大地基土的强度，提高软土地基的承载力。在软黏土中应用碎石桩加固地基有成功的经验，也有失败的教训。因而不少人对碎石桩处理软黏土持有疑义，认为黏土透水性差，特别是灵敏度高的土在成桩的过程中，土中产生的孔隙水压力不能迅速消散，同时土的天然结构受到扰动将导致其抗剪强度降低，如置换率不够高很难获得可靠的处理效果。此外，认为如不经过预压，处理后地基仍将发生较大的沉降，对沉降要求严格的建、构筑物难以满足允许沉降要求。所以，用碎石桩处理饱和软黏土地基，应按建、构筑物的具体规范区别对待，最好通过现场试验。

由于盘锦地区软土层软黏土含水量高，厚度也较大，碎石桩很难发挥挤密效用，所以在盘锦地区不是理想的处理方法。

3.5.3 CFG 桩

CFG 桩，全称水泥粉煤灰碎石桩，是由碎石、石屑、粉煤灰，掺适量水泥加水拌和，用各种成桩机制成的具有可变黏结强度的桩型。通过调整水泥掺量及配比，可使桩体强度等级在 C5～C25 之间变化。桩体中的粗骨料为碎石；石屑为填充碎石空隙、改善骨料级配的次骨架材料，可使级配良好；粉煤灰具有细骨料及低标号水泥作用，可提高桩体的后期强度。

CFG 桩和桩间土一起，通过碎石、中粒砂褥垫层形 CFG 桩复合地基，从而达到地基加固的效果。

CFG 桩复合地基的加固机理可概括为桩体的置换作用及褥垫层的调整均化作用。

（1）桩体的置换作用

CFG 桩中的水泥经水解和水化反应以及与粉煤灰的凝硬反应，生成了主要成分为铝酸钙水化物（$xCaO \cdot yAl_2O_3 \cdot \cdot mH_2O$）、硅酸钙水化物（$xCaO \cdot ysiO_2 \cdot nH_2O$）及钙铝黄长石水化物（$2CaO \cdot Al_2O_3 \cdot SiO_2 \cdot 6H_2O$）等不溶于水的稳定的结晶化合物，这些物质以纤维状结晶，并不断生长延伸充填到碎石和石屑的空隙中，相互交织形成空间网状结构，将原来由点-点接触和点-面接触的骨料紧紧缠绕黏结在一起，使桩体的抗剪强度和变形模量均大大提高。

理论分析得到，柔性桩的临界桩长或者说侧摩阻力发挥的有效桩长与桩土的相对刚度有关，桩体相对于地基土的模量越大，相同桩径下的临界桩长或能发挥桩侧摩阻力的有效桩长也越长，将桩体承受荷载沿桩身传递到地基土层的深度也越深，复合地基中较高应力的分布范围也比刚度较低桩体复合地基的更大并更均匀，同时由于桩身强度较低黏结强度桩高，桩体的置换作用更明显，复合地基承载力提高幅值更大。大量工程实例证明，CFG 桩的桩土应力比 n 大都介于 20～50 之间，远远高于水泥掺量在 5%～30% 之间的水泥搅拌桩的桩土应力比 3～12、石灰桩的桩土应力比 2.5～5.0 和碎石桩的桩上应力比 1.27～4.44，显示出 CFG 桩的桩体效应大大优于石灰桩、水泥搅拌桩等柔性桩和碎石桩等散体材料桩。

（2）褥垫层的调整均化作用

在竖向荷载作用下，CFG 桩复合地基由于褥垫层的作用，桩体逐渐向褥垫层中刺入，桩顶上部垫层材料在受压缩的同时，向周围发生流动；垫层材料的流动补偿使得桩间土与基础底面始终保持接触并使得桩间土的压缩量增大，从而使桩间土的承载力得以充分发挥，桩土共同作用得到保证。垫层材料的流动补偿，使桩间的承载力得到充分发挥、桩体承担的荷载相对减少，从而使基底的接触压力得到了均化和调整，地基中的竖向应力分布得到均化，地基的变形状况得到明显改善，复合地基的承载力得到大大提高。此外，作用在桩间土上竖向荷载增大，提高了桩间土的压密程度，使桩侧法向应力增大，桩身侧摩阻力增加，桩体的承载能力得到提高，从而使复合地基的承载能力进一步得到提高。

3.5.4 水泥深层搅拌法

水泥深层搅拌法又称 CDM 法（Cement Deep Mixing），是在 20 世纪 40 年代首创于美国，20 世纪 70 年代日本作了进一步的发展，70 年代末传入我国的一种地基处理方法。CDM 法是利用水泥作为固化剂，通过特制的深层搅拌机械，在一定深度范围内把地基土与水泥（或其他固化剂）强行拌和固化形成具有水稳性和足够强度的水泥土，制成桩体、块体和墙体等，并与原地基土共同作用，提高地基承载力，改善地基变形特性的一种地基处理技术。其加固原理如下：

（1）水泥的水解和水化反应

普通硅酸盐水泥主要由氧化钙、二氧化硅、三氧化二铝、三氧化二铁及三氧化硫等成分组成，有这些不同的氧化物分别组成了不同的水泥矿物：硅酸三钙、硅酸二钙、铝酸三钙、铁铝酸四钙、硫酸钙等。用水泥加固软土时，水泥颗粒表面的矿物很快与软土中的水发生水解和水化反应，生成氢氧化钙、含水硅酸钙、含水铝酸钙、含水铁酸钙及水泥杆菌等化合物。

所生成的氢氧化钙、含水硅酸钙能迅速溶于水中，使水泥颗粒表面重新暴露出来，再与水发生反应，这样周围的水溶液就逐渐达到饱和。当溶液达到饱和状态后，水分子虽继续深入颗粒内部，但新生成物已不能再溶解，只能以细分散状态的胶体析出，悬浮于溶液中，形成胶体。

（2）黏土颗粒与水泥水化物的作用

当水泥的各种水化物生成后，有的自身继续硬化，形成水泥石骨架，有的则与其周围具有一定活性的黏土颗粒发生反应。

① 离子交换和团粒化作用

黏土和水结合时就表现出一种胶体特征，如土中含量最多的二氧化硅遇水后，形成硅酸胶体微粒，其表面带有钠离子 Na^+ 或钾离子 K^+，它们能和水泥水化生成的氢氧化钙中钙离子 Ca^{2+} 进行当量吸附交换，使较小的土颗粒形成较大的土颗粒，从而使土体的强度提高。

水泥水化生成的凝胶粒子的比表面积约比原水泥颗粒大 1000 倍，因而产生很大的表面能，有强烈的吸附活性，能使较大的土团粒进一步结合起来，形成水泥土的团粒结构，并封闭各土团的空隙，形成坚固的胶结，从宏观上看也就是水泥土的强度大大提高。

② 硬凝反应

随着水泥水化反应的深入，溶液中析出大量的钙例子，当其数量超过离子交换的需要量后，在碱性环境中，能使组成黏土矿物的二氧化硅及三氧化二铝的一部分或大部分与钙离子进行化学反应，逐渐生成不溶于水的稳定结晶化合物，增大了水泥土的强度。

（3）碳酸化作用

水泥水化物中游离的氢氧化钙能吸收水中和空气中的二氧化碳，发生碳酸化作用，生成不溶于水的碳酸钙，这种反应也能使水泥土增强强度，但增长的速度较慢，幅度也比较小。

从水泥土的加固机理分析，由于搅拌机械的切削搅拌作用，实际上不可避免的会留下一些未被粉碎的大小土团。在拌入水泥后将出现水泥浆包裹土团的现象，而土团间的大孔隙基本上被水泥颗粒填满。所以，加固后的水泥土中形成一些水泥较多的微区，而在大小土团内部没有水泥。只有经过较长的时间，土团内的土颗粒在水泥水解产物的渗透作用下，才逐渐改变其性质。因此在水泥土中不可避免的会产生强度较大和水稳性较好的水泥石区和强度较低的土块区。两者在空间相互交替，从而形成一种独特的水泥土结构。可见，搅拌越充分，土块被粉碎的越小，水泥分布到土中越均匀，则水泥土结构强度的离散性越小，其宏观的总体强度也越高。

3.5.5 其他方法

大型石油储罐软土地基加固方法除上述方法外，还有撼砂法、混凝土桩基础、井点预压、重锤夯实等方法，具体实施应根据不同的地质条件和工程实际情况选用适合的方法。

4   15万m³大型浮顶储罐工程概况

仪征油库扩建一期工程新建两台150000m³双盘浮顶油罐，工程地点位于仪征市胥浦，仪征分输站内。单罐容积150000m³，直径100m，高度21.8m，基底压力≥260kPa。胜利油田胜利工程设计咨询有限公司受中石化仪征15万方储油罐建设项目部委托，在2004年3月到2005年3月负责完成该工程的地基与基础科研监测工作。

4.1　场地地质条件

拟建场地位于仪征市胥浦仪征油库内，属岗地堆积平原地貌，场地原为菜地、荒地，且局部分布小水塘，现场地势总体东高西低。

4.1.1　场地地层分布

根据仪征油库扩建工程一期工程（2×15万m³）工程勘察报告（江苏省地质工程勘察院，编号：2003491），场地地层分布如下：

1层：素填土，褐灰～黄灰色，以黏性土（耕植土）充填为主，局部偶夹碎石、砖块，非均质。松软，该层分布普遍，层底埋深：0.30～2.50m，层厚0.30～2.50m。

2层：2-1层粉质黏土，黄灰色，含铁锰质氧化铁斑，无摇振反应，稍光滑，干强度、韧性中等。可塑，局部区域分布，层底埋深：1.00～4.70m，层厚0.50～4.30m。

2层：2-2层粉土夹粉质黏土，黄灰～褐灰色，具层理，摇振反应中等，稍光滑，干强度、韧性中等。中密，局部区域分布，层底埋深：2.60～7.50m，层厚0.60～4.70m。

3层：3-1层粉质黏土，褐黄色，含较多的铁锰质结核，杂青灰色条纹，无摇振反应，光滑，干强度、韧性高。可塑～硬塑，大部分分布，层底埋深：2.50～7.50m，层厚0.60～6.00m。

3层：3-2层粉质黏土，棕黄色，含铁锰质结核，无摇振反应，光滑，干强度、韧性高。硬塑，普遍分布，层底埋深：2.50～7.50m，层厚0.60～6.00m。

3层：3-3层粉质黏土，棕黄色，含少量的铁锰质结核，无摇振反应，光滑，干强度、韧性高。硬塑，普遍分布，层底埋深：8.00～17.20m，层厚1.20～9.50m。

3层：3-4层粉质黏土，棕黄色，含较多的铁锰质结核，杂青灰色条纹，局部底部含有细小风化碎砾，无摇振反应，光滑，干强度、韧性高。硬塑，普遍分布，层底埋深：12.50～25.00m，层厚1.10～15.60m。

4层：含卵砾石粉质黏土，黄灰色，卵砾石含量10%～25%，粒径一般1～3cm，个别较大，次圆状，成分主要为石英质砂岩。密实，普遍分布，层底埋深：20.30～29.30m，层厚1.00～6.30m。

5层：5-1层强风化岩（泥质粉砂岩），棕红色，取出岩芯多呈砂土状，偶夹碎块状，遇水易软化。密实，普遍分布，层底埋深：25.80～33.30m，层厚0.50～5.50m。

5层：5-2层中风化岩（泥质粉砂岩），棕红色，取出岩芯呈短柱状，局部节理较发育，泥质结构，锤击易断裂。普遍分布，底板埋深大于61.30m，控制厚度：32.70m。

4.1.2 场地地下水

场地地下水水位实测埋深在0.5～2.10m。根据本地区的水位长期观测资料，潜水位与枯水位变化幅度在1.5m左右。设计水位按埋深0.50m考虑。

根据地下水的含水岩类、赋存、埋藏条件及其水力特征、水力性质，揭示地下水类型为孔隙潜水，主要赋存于1层填土和2层土中。下部3层粉质黏土、4层含砾石粉质黏土、5层基岩富水性、透水性差，基本不含水。

潜水补给来源主要是大气降水和附近水沟、水塘中的地表水。场地地形较平坦，地下水径流缓慢，处于相对停滞状态。潜水排泄方式主要为自然蒸发或侧向径流。地基土渗透性评价见表4-1。

地基土渗透性评价一览表 表4-1

层号	名称	水平渗透系数 K_h cm/s		垂直渗透系数 K_v cm/s		渗透性评价
		范围值	平均值	范围值	平均值	
1	素填土	10^{-6}～10^{-7}		10^{-6}～10^{-7}		微透水
2-1	粉质黏土	1.92×10^{-6}			1.35×10^{-6}	微透水
2-2	粉土夹粉质黏土	2.89×10^{-6} 4.91×10^{-6}	3.90×10^{-6}	3.39×10^{-6}	3.70×10^{-6}	微透水
3-1	粉质黏土		3.14×10^{-7}	1.96×10^{-7}～ 2.38×10^{-7}	2.17×10^{-7}	微透水
3-2	粉质黏土		2.16×10^{-7}		4.67×10^{-7}	微透水
3-3	粉质黏土	2.89×10^{-6}～ 4.91×10^{-6}	1.36×10^{-6}	1.86×10^{-7} 7.73×10^{-7}	5.00×10^{-7}	微透水
3-4	粉质黏土		1.76×10^{-7}		5.86×10^{-7}	微透水

备注：土层渗透性参考《工程地质手册》（第三版）有关内容进行评价。

4.1.3 各层土物理力学性质指标

根据土工实验及原位测试结果，得出建设场区地层各层物理力学性质指标表4-2～表4-11。

土的物理性质指标 表4-2

层号	名称	含水量	土重度	孔隙比	液限	塑限	塑性指数	液限指数
		ω	γ	e	ω_L	ω_P	I_P	I_L
		%	kN/m³	—	%	%		—
1	素填土	22.7	19.3	0.696	31.0	19.4	11.6	0.28
2-1	粉质黏土	24.6	19.5	0.704	30.7	18.8	11.9	0.52
2-2	粉土夹粉质黏土	25.7	19.2	0.743	28.1	18.6	9.7	0.73
3-1	粉质黏土	22.9	19.7	0.663	33.6	19.3	14.4	0.26
3-2	粉质黏土	23.6	19.6	0.686	35.7	20.3	15.4	0.21
3-3	粉质黏土	25.8	19.3	0.740	32.4	19.4	13.0	0.50
3-4	粉质黏土	22.4	19.7	0.662	36.0	20.6	15.4	0.11

土的压缩指标　　　　表 4-3

层号	名称		压缩系数	压缩模量
			α_{1-2}	E_{s1-2}
			MPa	MPa
1	素填土		0.33	5.43
2-1	粉质黏土		0.28	6.18
2-2	粉土夹粉质黏土		0.31	5.58
3-1	粉质黏土		0.19	8.83
3-2	粉质黏土		0.20	8.62
3-3	粉质黏土		0.30	5.90
3-4	粉质黏土		0.17	10.12

土的抗剪强度指标　　　　表 4-4

层号	名称		直剪快剪		直剪固快		三轴不固结不排水剪	
			黏聚力 C_q	内摩擦角 φ_q	黏聚力 C_g	内摩擦角 φ_g	黏聚力 C_{uu}	内摩擦角 φ_{uu}
			kPa	°	kPa	°	kPa	°
2-1	粉质黏土	平均值	25.0	14.3			39.0	8.8
		标准值	20.4	13.0			(31.2)	(7.0)
2-2	粉土夹粉质黏土	平均值	19.0	13.0			51.0	8.9
		标准值	16.5	12.3			(48.8)	(7.1)
3-1	粉质黏土	平均值	47.0	15.8			85.0	12.6
		标准值	43.8	14.9			63.8	10.2
3-2	粉质黏土	平均值	51.0	17.3	52.0	24.7	76.0	14.0
		标准值	46.2	16.5			58.0	12.0
3-3	粉质黏土	平均值	30.0	14.1	33.0	20.7	50.0	8.5
		标准值	27.9	13.3			42.5	7.4
3-4	粉质黏土	平均值	66.0	19.9			86.0	15.4
		标准值	62.3	19.0			77.7	13.7

土的三轴固结不排水强度指标　　　　表 4-5

层号	名称		总压力（CU）		有效压力（CU）	
			黏聚力 C_q	内摩擦角 φ_q	黏聚力 C_g	内摩擦角 φ_g
			kPa	°	kPa	°
3-1	粉质黏土	平均值	69.8	14.3	59.7	18.4
		标准值	(55.8)	(11.4)	(47.8)	(14.7)
3-2	粉质黏土	平均值	64.4	14.6	55.7	18.7
		标准值	(51.5)	(11.7)	(44.6)	(14.9)
3-3	粉质黏土	平均值	46.7	14.3	37.5	19.3
		标准值	(37.4)	(11.4)	(30.0)	(15.4)
3-4	粉质黏土	平均值	66.2	15.2	57.9	18.9
		标准值	57.3	12.8	(49.8)	16.1

土的固结系数   表 4-6

层号	名称	垂直固结系数 C_v (cm²/s×10⁻³)				水平固结系数 C_h (cm²/s×10⁻³)			
		50～100	100～200	200～300	300～400	50～100	100～200	200～300	300～400
2-1	粉质黏土	3.80	4.44	2.96	2.75	4.14	5.12	2.83	3.12
3-1	粉质黏土	4.05	3.38	2.67	2.79	3.28	2.85	2.53	2.06
3-2	粉质黏土	3.37	3.29	2.62	2.08	2.67	1.97	1.39	1.07
3-3	粉质黏土	3.46	3.03	2.67	2.21	3.58	2.60	2.97	2.22
3-4	粉质黏土	3.02	2.60	2.36	2.16	2.65	1.82	1.66	1.36

土的先期固结压力   表 4-7

层号	名称	先期固结压力 P_c	压缩指数	回弹指数
		kPa	C_c	C_s
2-1	粉质黏土	333	0.021	0.169
2-2	粉土夹粉质黏土	307	0.011	0.158
3-1	粉质黏土	524	0.064	0.134
3-2	粉质黏土	456	0.066	0.139
3-3	粉质黏土	417	0.140	0.120
3-4	粉质黏土	519	0.075	0.396

标准贯入实验指标   表 4-8

层号	名称	数值	实测值	杆长修正
			N'	N
			击	击
2-1	粉质黏土	平均值	5.9	5.8
		标准值	5.3	5.2
2-2	粉土夹粉质黏土	平均值	6.3	5.8
		标准值		
3-1	粉质黏土	平均值	10.8	10.5
		标准值	10.0	9.7
3-2	粉质黏土	平均值	13.5	12.0
		标准值	12.9	11.5
3-3	粉质黏土	平均值	9.3	7.6
		标准值	8.8	7.1
3-4	粉质黏土	平均值	21.7	15.9
		标准值	21.0	15.3
5-1	强风化岩（泥质粉砂岩）	平均值	44.3	30.5
		标准值	40.7	28.0

静力触探实验指标

表 4-9

层号	名称	数值	锥尖阻力 q_c MPa	侧壁阻力 f_s kPa	比贯入阻力 P_s MPa
2-1	粉质黏土	平均值	1.07	35.00	1.25
		标准值	1.01	21.90	1.18
2-2	粉土夹粉质黏土	平均值	0.58	15.60	1.00
		标准值	0.54		0.96
3-1	粉质黏土	平均值	1.97	75.70	2.35
		标准值	1.88	71.30	2.24
3-2	粉质黏土	平均值	2.66	86.40	3.20
		标准值	2.58	83.00	3.10
3-3	粉质黏土	平均值	1.70	40.30	2.02
		标准值	1.63	38.20	1.94
3-4	粉质黏土	平均值	3.49	131.60	4.22
		标准值	3.36	121.50	4.05

波速测试指标

表 4-10

层号	名称	数值	剪切波速 V_s m/s	天然单轴抗压强度 V_p m/s
1	素填土	范围值	118～146	579～796
		平均值	132	705
2-1	粉质黏土	范围值		
		平均值	157	634
2-2	粉土夹粉质黏土	范围值		
		平均值	134	559
3-1	粉质黏土	范围值	288～328	1211～1313
		平均值	307	1259
3-2	粉质黏土	范围值	334～351	1445～1561
		平均值	340	1496
3-3	粉质黏土	范围值	281～305	1051～1285
		平均值	292	1141
3-4	粉质黏土	范围值	346～364	1508～1661
		平均值	356	1616
4	含卵砾石粉质黏土	范围值	365～385	1564～1870
		平均值	375	1685
5-1	强风化岩（泥质粉砂岩）	范围值	442～485	1616～1875
		平均值	467	1769

岩石实验指标

表 4-11

层号	名称	数值	块体密度 ρ g/cm	天然单轴抗压强度 f_r MPa	天然状态弹性模量 MPa×10²
5-2	中等风化岩（泥质粉砂岩）	平均值	2.34	2.84	2.29
		标准值	2.29	2.64	2.29

4.1.4 各层土承载力特征值

根据各层土的工程地质条件及物理力学性质指标，得出各层土地基承载力特征值，见表 4-12。

各层土承载力特征值及压缩模量   表 4-12

层号	名称	地基承载力特征值 f_{ak} kPa	压缩模量 E_s MPa
1	素填土		5.43
2-1	粉质黏土	130	6.18
2-2	粉土夹粉质黏土	125	5.58
3-1	粉质黏土	270	8.83
3-2	粉质黏土	270	8.62
3-3	粉质黏土	170	5.90
3-4	粉质黏土	300	10.12
4	含卵砾石粉质黏土	320	
5-1	强风化岩（泥质粉砂岩）	350	
5-2	中等风化岩（泥质粉砂岩）	1800	

4.1.5 地基土评价

拟建场地位于岗地～岗前堆积地貌单元，浅部新近沉积土（2-2 层）强度相对较低；老沉积土（3 层）强度较高，约在 20.20～29.30 米以下为基岩（泥质粉砂岩）。3-1 层各区压缩系数及压缩模量见表 4-13。

层平面上各区压缩系数、压缩模量   表 4-13

层号	名称		北罐（T-1） 压缩系数平均值 α_{1-2} MPa	北罐（T-1） 压缩模量平均值 E_s MPa	南罐（T-2） 压缩系数平均值 α_{1-2} MPa	南罐（T-2） 压缩模量平均值 E_s MPa	评价
3-1	粉质黏土	以罐为中心半径 25.0m 区	0.17	9.51	0.19	8.90	较均匀
		以罐为中心半径 25.0～50.0m 区	0.20	8.34	0.20	8.70	欠均匀
		以罐为中心半径 50.0～60.0m 区	0.21	8.00	0.20	8.79	欠均匀

3-1 层在 1.00～2.10 深度范围内较均匀，压缩系数平均值为 0.19，压缩模量平均值 8.78。

地基土评价一览表   表 4-14

层号	名称	厚度	强度	压缩性	综合评价
1	素填土	0.30～2.50	低强度		
2-1	粉质黏土	0.50～4.31	低强度	中等压缩性	
2-2	粉土夹粉质黏土	0.60～4.70	低强度	中偏高压缩性	

续表

层号	名称	厚度	强度	压缩性	综合评价
3-1	粉质黏土	0.60～6.00	中高强度	中等压缩性	可作为本次油罐的基础持力层
3-2	粉质黏土	1.70～5.80	中高强度	中等压缩性	
3-3	粉质黏土	1.20～9.50	中高强度	中等压缩性	
3-4	粉质黏土	1.10～15.60	中高强度	中等偏低压缩性	
4	含卵砾石粉质黏土	1.00～6.30	高强度		
5-1	强风化岩（泥质粉砂岩）	0.50～5.50	高强度		
5-2	中等风化岩（泥质粉砂岩）	控制厚度32.70	高强度		可作为本次油罐的桩基持力层

4.2 储罐地基处理

4.2.1 储罐对地基的要求

（1）地基土要有足够的强度，充水预压后的地基土的承载力应不小于储罐的基底压力260kPa。

（3）地基沉降计算深度的要求，由于油罐的直径大，地基变形的计算深度亦大，根据本场地的情况，5-2层中风化岩以上均为压缩层。

（3）地基沉降应满足罐底变形要求，油罐储油后罐中心沉降大于罐底边缘。因此，罐底中心与边缘沉降差必须控制在罐底结构允许变形的范围内，防止造成结构破坏。储罐设备要求圆锥面的坡度不能少于8‰。

（4）油罐对沉降要求，油罐与其他构筑物相比，可承受比较大的沉降量。当地基有较大的沉降时可预先提高基础，通过充水预压达到设计标高，但油罐建成投入使用后，不能有过大的沉降，防止与管线系统连接产生破坏。

（5）不均匀沉降要求，油罐对不均匀沉降要求较严格。储罐设备要求沿罐壁圆周方向任意10m弧长内的沉降差应不大于25mm。平面倾斜（任意直径方向）的沉降差允许值为$0.003D_t$（D_t为储罐底圈内直径），即沉降差允许值为300mm。

根据各土层物理力学性质，场地内的第1层、第2-1层、第2-2层的地基承载力特征值为125kPa～130kPa，不能满足15万 m³ 油罐基础的要求；另外在自然地面以下7m左右存在一软弱土层（即第3-3层），地基承载力特征值为170kPa。按《建筑地基基础设计规范》（GB 50007—2002）中的5.2.4地基承载力特征值的修正公式，

$$f_a = f_{ak} + \eta_b \gamma (b - 3) + \eta_d \gamma_m (d - 0.5)$$

式中　f_a——修正后的地基承载力特征值；

　　　　f_{ak}——地基承载力特征值；

　　η_b、η_d——基础宽度和埋深的地基承载力修正系数；

　　　　γ——基础底面以下土的重度，地下水位以下取浮重度；

　　　　b——基础底面宽度（m），当宽度小于3m按3m取值，大于6m按6m取值；

γ_m——基础底面以上土的加权平均重度，地下水位以下取浮重度；

d——基础埋置深度（m），按环墙基础底面埋深取值。

经验算，按规范公式修正后的下卧层地基承载力与实际的压力相差近 60kPa 左右，该土层的强度不能满足 15 万 m³ 油罐基础的要求。因此需对第 1 层、第 2-1 层、第 2-2 层及下卧层第 3-3 层的地基进行处理。根据油罐的使用特点，通过对各种地基处理方法的适用性、可靠性、经济性及环境影响等方面进行分析、比较，经研究论证，决定采用振冲碎石桩复合地基进行加固处理。

4.2.2 地基处理设计

勘察场地上部第 1、2-1、2-2 层及第 3-3 层土是主要处理对象，碎石桩是处理砂土、粉土、粉质黏土、素填土和杂填土等效果比较理想的方法之一。碎石桩的加固原理一是振动挤密、置换，桩体与原地基土一起构成复合地基，提高承载力，减小地基变形，消除地基液化；二是通过振动使饱和砂土液化，砂颗粒重新排列，孔隙减小，桩体加快了孔隙水的消散，加速地基土的固结。

采用振冲碎石桩复合地基：平均置换率 $m=0.2$，处理深度 15m 左右，桩径上部平均 1.0～1.1m（对第 1、2-1、2-2 层），中部平均 0.6～0.8m（对第 3-1、3-2 层），下部 0.8～1.0m（对第 3-3 层），采用变径桩，放射形变桩距布桩（桩距为平均 2m 左右），单罐处理面积直径 110m。

根据行业标准《建筑地基处理技术规范》（JGJ 79—2002）中的 7.2.8 公式对振冲桩复合地基承载力特征值进行估算：

$$f_{spk}=mf_{pk}+(1-m)f_{sk} \text{ 及 } m=\frac{d^2}{d_e^2}$$

式中　f_{spk}——振冲桩复合地基承载力特征值（kPa）；

f_{pk}——桩体承载力特征值（kPa），按 500kPa 取值；

f_{sk}——处理后桩间土承载力特征值（kPa）；

m——桩土平均面积置换率，按 0.2 取值；

d——桩身平均直径（m）；

d_e——一根桩分担的处理地基面积的等效圆直径；按等边三角形布桩考虑，$d_e=1.05s$，s 为桩间距。

验算得出振冲桩复合地基承载力特征值为 265kPa，考虑到地基土经过振冲碎石桩处理后，基本上能达到 230kPa～240kPa 左右，再加上油罐施工及充水试压过程中的稳步增长，完全可以满足设计对承载力的要求。

根据国家标准《建筑地基基础设计规范》（GB 50007—2002）中计算地基变形的公式，其最终变形量：

$$s = \psi_s s' = \psi_s \sum_{i=1}^{n} \frac{p_0}{E_{si}}(z_i\bar{\alpha}_i - z_{i-1}\bar{\alpha}_{i-1})$$

式中　s——地基最终变形量（mm）；

s'——按分层总和法计算出的地基变形量（mm）；

ψ_s——沉降计算经验系数；

n——地基变形计算深度范围内所划分的土层数；

p_0——对应于荷载效应准永久组合时的基础底面处的附加应力（kPa）；

E_{si}——基础底面下第 i 层土的压缩模量（MPa）；

z_i、z_{i-1}——基础底面至第 i 层土、第 $i-1$ 层土底面的距离（m）；

$\overline{\alpha_i}$、$\overline{\alpha_{i-1}}$——基础底面计算点至第 i 层土、第 $i-1$ 层土底面范围内平均附加应力系数。

经过沉降量的计算，罐中心的最大沉降：T-1 罐，中心沉降 413mm，边缘沉降 205mm，沉降差为 208mm（坡度变化 4.16‰，0.0021Dt）；T-2 罐，中心沉降 408mm，边缘沉降 212mm，沉降差为 196mm（坡度变化 3.92‰，0.0020Dt），变形控制亦满足设计要求。

为了进一步优化设计方案，对地基处理方案进行了研究论证，认为采用振冲碎石桩处理方案是合理可行的。

4.2.3 复合地基检测

T-1 罐复合地基检测工作于 2004 年 4 月 12 日开始，5 月 13 日试验结束，共完成单桩复合地基静载荷试验 10 组；桩体动力触探 76 根，进尺 380.3m。T-1 罐单桩复合地基静载荷试验测结果如表 4-15。

T-1 罐地基静载荷实验测试结果 表 4-15

检测点桩号	试验日期	最大加荷（kPa）	最终沉降（mm）	确定承载力特征值（kPa）
11	04.5.5	520	81.82	260
320	04.5.6	520	105.55	260
947	04.5.9	520	61.77	260
1312	04.5.10	520	219.60	230
1382	04.5.7	520	63.72	260
1400	04.5.8	520	70.60	260
1460	04.4.29	520	65.41	260
1462	04.5.1	520	90.04	260
1470	04.4.27	520	61.00	260
1587	04.5.2	520	128.39	250

T-2 罐检测工作于 2004 年 4 月 12 日开始，5 月 15 日试验结束，共完成单桩复合地基静载荷试验 10 组；桩体动力触探 96 根（包括第二次试桩区 4 根），桩间土动探 7 个，碎石动探 7 个，总进尺 757m；钻孔 4 个，进尺 27m，标准贯入试验 25 次。T-2 罐单桩复合地基静载荷试验检测结果如表 4-16。

T-2 罐地基静载荷实验测试结果 表 4-16

检测点桩号	试验日期	最大加荷（kPa）	最终沉降（mm）	确定承载力特征值（kPa）
1086	04.5.15	496	250.00	230
1272	04.5.9	520	77.31	260
1359	04.5.5	520	83.78	260
1546	04.5.10	520	142.10	240
1575	04.5.13	520	116.35	260
1616	04.5.7	520	98.68	260
1702	04.5.11	520	108.76	260
1730	04.5.6	495	210.93	220
62	04.5.7	520	135.97	250
915	04.5.6	520	78.90	250

体密实度检测，在桩体中心做重型动力触探试验，由于本次工程桩采用超出规范的130kW的大功率振冲器，动探击数明显高于正常值，个别桩在偏离桩中心处又作了桩体动力触探试验，部分动探检测结果见表4-17。

重力触探检测结果　　　　　　　　　　　　　表 4-17

	T-1 罐							T-2 罐			
桩号	90	89	18	34	163	121	85	1735	1736	1458	1457
击数	29	26	27	38	31	21	29	26	28	46	27

注：表中击数为桩顶部 1.0m～3.0m 范围内击数的平均值。

桩体动力触探满足振冲碎石桩桩体的密实度控制指标（宜大于18击）要求。抽样20组进行单桩复合地基载荷试验，全部满足设计要求（根据设计要求：复合地基的地基承载力特征值应不小于 260kPa；若由于工期紧张，检测时的土体未完全恢复，复合地基的地基承载力可适当减小，但不得小于 220kPa）。

4.2.4 地基处理施工

储罐振冲碎石桩工程由北京振冲公司负责施工，T-1 罐于 2004 年 4 月 5 日正式开工，5 月 4 日完成、T-2 罐 5 月 14 日完成，共完成振冲碎石桩 3637 根，总进尺 54929m，碎石用量 55000m³。

振冲碎石桩工程桩采用 600mm 长螺旋引孔，然后振冲成孔、成桩。T-1 罐桩径为 1000～1200mm，置换率 0.16～0.19，桩长为 14、16、17m；T-2 罐桩径为 1000～1200mm，置换率 0.16～0.27，桩长为 14、16m。

振冲碎石桩桩型：

上部 0～3000mm，桩径大于 1000mm；穿越 2-1、2-2 层部分，长度约 0～5500mm 段，桩径大于 1100mm；穿越 3-1、3-2 层，长度约 3000～7000mm，桩径大于 600mm；底部至 3-3 层，长度约 2000～5000mm，桩径大于 1000mm。

4.3 监测依据

本次测试工作主要依据下列规范、标准及文件进行：

(1)《石油化工钢储罐地基充水预压监测规程》(SH/T 3123—2001)；

(2)《石油化工企业钢储罐地基与基础设计规范》(SH 3068—1995)；

(3)《石油化工企业钢储罐地基与基础施工及验收规范》(SH 3528—1993)；

(4)《油气田及管道岩土工程勘察规范》(SY/T 0053—2004)；

(5)《工程测量规范》(GB 50026—1993)；

(6)《国家一、二等水准测量规范》(GB 12897—1991)；

(7)《国家三、四等水准测量规范》(GB 12898—1991)；

(8)《工程地质钻探规程》(DZ/T 0017—1991)；

(9)《岩土工程用钢弦式压力传感器》(GB/T 13606—1992)；

（10）《孔隙水压力测试规程》（CECS 55—1993）；

（11）仪征油库扩建工程一期工程结构部分说明书（中国石化工程建设公司，编号 B0301-1-FS1/明）。

4.4　充水要求及监测内容

4.4.1　充水预压要求

为了确保地基的稳定性和罐基础的安全，同时进行有效的监测，油罐充水试压过程中应满足以下要求：

（1）沉降观测点：在基础环墙上均匀设置 32 个点；罐底沉降观测点，利用浮船立柱孔洞在二条互相垂直直径上布置 2 圈，约 9 个测点。

（2）罐基础沉降观测的水准点，必须稳定可靠，以确保监测工作的顺利进行。

（3）油罐充水前应做好下列准备工作：

① 检查环墙基础混凝土质量、水源、进、泄水管线以及现场事故紧急排放设施（紧急泄水管线管径要大于进水管径）。

② 认真检查测量仪器，保证仪器工作状态良好。

③ 各测点原始数据（包括测点编号、标志及控制充水高度的设施和手段等）要记录齐全，一切准备工作就绪后，方可进行油罐充水。

（4）油罐充水待油罐施工完后进行，充水高度依壁板高度可分为 7 级，即第一级充水高度为两块壁板高度，以后每块壁板高度为一级，每级充水速度初步规定如下（可根据实际沉降量适当调整）：

① 最低部 3 块壁板高度范围内每 24 小时为 1200mm 左右；

② 4～6 块壁板高度范围内每 24 小时为 1000mm 左右；

③ 7～8 块壁板高度范围内每 24 小时为 800mm 左右。

④ 每级充水要匀量加入罐内，至最高液面三分之二以后，要仔细观察基础沉降情况，及时调整充水速度，并适当增加观测次数。

（5）每级充水后的稳定时间一般不应小于一天，并且各项观测数据都能满足要求后，才能进行下一级充水，否则还要延长稳定时间。

（6）充水至最高液面后，应保持观测至少 10d，待基础稳定后方可泄水，即基础环墙、油罐底板沉降值符合设计稳定要求以后方可泄水，否则还要延长观测时间。泄水应按充水的相应分级进行分级，每级可停留半天，观测沉降回弹，泄水速度比进水速度可提高 20%，罐内充水全部泄完之后，仍要连续观测 10d 以上。

（7）每级充水过程中，日沉降量控制在 5mm，最大沉降量不得超过 10mm，基本稳定时间沉降量不得超过 2mm/每日。

（8）罐基础直径两端的沉降差不得大于 3‰D（最终值），即不得超过 300mm。当此值达到 1.5‰D 时，即达到 150mm 时，观测人员应及时提出并与有关人员共同研究，采取相应措施。沿罐壁圆周方向任意 10m 弧长内的沉降差应不大于 25mm（最终值），当达到 10mm 时，观测人员应及时提出共同研究，并采取相应措施。

（9）罐基础在充水过程中如发生大量沉降、不均匀沉降以及 24 小时内沉降速率不能达到稳定标准时（即当各项观测数据中任何一项不符合要求），观测人员应及时提出停止充水或泄水，并及时分析原因，采取相应措施予以解决。

（10）充水过程中，每天要观测 1～2 次，每级充水前须及时观测一次，每级充水停泵后，及时观测一次，再隔 2 小时一次，以后每 24 小时或视情况适当加密时间间隔进行观测，一直达到沉降基本稳定。

罐底沉降（罐底板变形）每级荷载至少测三次，刚开始充水（前二级充水）时，由于罐底板未能紧贴基础面，故应多观测几次。

泄水时观测基础回弹，其观测方法、周期同充水时观测方法。观测也应定时、定点、定序进行。

由于该项观测过程为动态观测，充水工作应有专人负责，在每级充水（或泄水）前及停止后均应通知测试人员，测取各项数据，充水预压荷载曲线拐点处应测取各项数据与其对应。充水人员应做好记录进（泄）水量、水位高度、进（泄）水起止时间等工作，并将充水高度及时通知测试人员。当出现异常情况需停止充水或泄水时，测试人员应及时通知充水人员，并互相签字。

（12）充水过程中，观测资料应及时整理，测试人员应能随时提供所需数据及有关曲线，以便需要时查询。

（13）油罐泄完水后，要及时检查罐壁、罐底板与沥青砂之间是否有空隙，并做好记录，如超过允许值时需采取措施处理。

（14）进油期间每天观测一次，出现异常情况，应增加观测次数，并及时向有关人员提出，共同研究分析，采取措施。

进油后，第一个月每四天观测一次，以后视现场实际情况，可适当延长观测周期，初步确定，进油后连续观测至少半年，是否延长时间，视具体情况而定。

（15）油罐的充水预压及沉降观测除满足上述要求外，还应满足行业标准《石油化工钢油罐地基充水预压监测规程》（SH/T 3123—2001）。

4.4.2 监测内容

根据设计对储罐的充水预压要求，结合对"仪征 150000m³ 储油罐地基与基础测试的要求"，本次监测项目主要包括：

（1）竖向位移观测

具体测试内容为：

① T-1 罐环墙 32 个观测点沉降观测；

② T-1 罐底板 10 个观测点变形测试；

③ T-2 罐环墙 32 个观测点沉降观测；

④ T-2 罐周围地表土 12 个观测点沉降观测；

⑤ T-2 罐底板 10 个观测点变形测试；

⑥ T-2 罐环墙内部土体 10 根变形管 296 个测试点的变形测试。

（2）孔隙水压力监测

具体测试内容为：T-2 罐地基土中 8 个断面 43 只孔隙水压力计测试。

（3）土压力监测

具体测试内容为：T-2罐竖向4个断面26只土压力计测试；环墙侧向4个断面12只土压力计测试。

（4）钢筋应力监测

T-2罐环墙基础内3个断面36只钢筋计测试。

4.5 施工与监测过程

仪征150000m³储油罐地基与基础测试项目多；安装与埋设仪器种类多、数量大、施工面广；仪器埋设与测试时间之长及其难度之大在国内同类项目是罕见的，在国外也不多见。项目自2004年5月9日进入施工现场开始，在仪征15万方储油罐建设项目部、各参建单位的支持配合下，克服了诸多困难，通过各方面的努力，2004年6月10日完成43只孔隙水压力计、38只土压力计、36只钢筋计总计117只传感元器件的安装与埋设及环墙基础内的引线工作；2004年7月30日完成10根近1000m锥面变形管的埋设工作，完成水准基准网的埋设与观测工作、环墙外电缆的集线工作，总计埋设通讯电缆近10000m；2004年12月11日完成8个集线接收箱的安装工作及进入集线箱所有传感器的调试工作；2005年3月25日完成基础施工期、储罐充水前、充水过程中、充满水恒压期、放水过程中、放水后六个阶段全部现场测试工作。

5 地基与基础监测控制指标和仪器布设

根据大型原油储罐应力分布特征，并结合以往油罐应力测试经验，制定测试方案。具体考虑以下因素：

（1）应力分布特征：大型储罐应力集中及复杂区域主要发生在底板与壁板连接的大角焊缝处及下四层罐壁板，布置测点时应主要集中在该区域。

（2）测试结果的准确性：在满足测试本身要求下，为了避免其他信号的干扰，减小误差，需要将导线固定，同时要尽量缩短导线长度。

（3）仪器要求：为了减小误差，缩短导线，尽量使测点集中。

5.1 监测项目、目的和控制指标

5.1.1 竖向位移观测

目的：作为储罐基础边缘竖向位移沉降观测的基准。

控制指标：在储罐充水试压前两个月内，连续进行 5 次测量，证实水准基点在自重作用下并未发生下沉现象，方可正式使用。

5.1.2 孔隙水压力监测

监测目的：实测场地静止水位、加荷过程中的孔隙水压力变化，考察孔隙水压力随充水预压、时间的变化消散规律是否正常，分析地基土内孔隙水压力的分布情况、变化规律和趋势，估算地基中某一测点的固结度，为判定储罐地基稳定提供依据。

控制指标：超静孔隙水压力增量不超过预压荷载增量的 60%，且小于上覆有效应力。

5.1.3 土压力监测

监测目的：实测储罐地基的竖向受力与基础内侧的侧向受力，了解土压力（竖向与侧向）随预压荷载增加的变化关系，分析储罐地基或基础的受力状况，验证设计参数，监控储罐地基的稳定。

控制指标：地基土竖向受力小于地基土承载力。

5.1.4 环墙钢筋应力监测

监测目的：实测环墙环向钢筋应力，了解钢筋应力随预压荷载增加的变化关系，分析环向钢筋的受力状况，推断环墙的受力情况，验证设计参数。

控制指标：环墙钢筋实测应力值不超过设计值。

5.2 测试仪器的布置及选型

5.2.1 竖向位移观测布置

（1）竖向位移监测网布置

竖向位移监测网由 4 个深埋式水准基点组成，根据场地条件按矩形布置，且距储罐基础边缘大于或等于 300m。

水准基点为钢筋混凝土方形桩，采用坑式埋设。观测采用高精密水准仪 1 台及铟钢水准尺进行，观测精度达到二等水准测量的精度要求。

（2）环墙竖向位移观测点布置

环墙竖向位移观测点布置 1 排，共计 32 个，沿储罐周边对称均匀布置，距离 9.88m（弧长），于环墙基础外侧中部位置布设。

观测采用高精密水准仪 1 台及铟钢水准尺进行，观测精度达到二等水准测量要求。

（3）储罐底板变形测试点布置

利用浮船立柱孔洞在两条互相垂直直径上布置 2 圈，10 个测点（中心布置 2 点）。

观测采用底部带吸盘的改进量油尺，采用水深差值法观测，观测精度达到三等水准测量要求。

（4）储罐基础（内部土体）锥面变形测试点布置

环墙基础内垫层中沿沿直径方向 90 度交叉布置两排横剖面沉降管，每排 5 根，水平间距 1500mm，沉降管外径 $\phi75$，预留孔直径间距 $\phi90$，上下两沉降管之间间距（管中心）150～200mm。沉降剖面法仪器选用 PCC-2 型横剖面沉降仪。

（5）地表土竖向位移观测点布置

地表土竖向位移观测点共布置 12 个。布置在储罐环墙外侧，距离储罐环墙间距为 3m，6m，9m，沿直径方向 90°交叉布置。

观测采用高精密水准仪 1 台及铟钢水准尺进行，观测精度达到二等水准测量要求。

5.2.2 孔隙水压力监测点布置

地基土孔隙水压力观测点共布置 43 个。布置在储罐基础圆形区域内，用于观测地基土、碎石垫层超静孔隙水压力随荷载增长、消散的情况，地基土内根据基础形式设 4 个径向观测断面，2 个环形观测断面，孔隙水压力计布置在两个观测断面交汇处、外加圆罐基础中心点，孔隙水压力计主要埋设于储罐基础下 10.0m 深度内。其中 2 层～3-2 层埋设 17 个，3-3 层埋设 17 个，碎石垫层分布较厚处根据实际情况均布 9 个。

压力计选用振动弦式孔隙水压力计，根据埋设高程不同，采用钻孔或坑式埋设。测试仪器为便携式频率计。

5.2.3 土压力监测点布置

（1）垂直土压力测点布置

地基土垂直土压力观测点共布置 26 个。设 2 个径向观测断面，3 个环型观测断面，土压力计布置在两个观测断面交汇处、外加圆罐基础中心点，共计 13 点，每点布置 2 个（桩顶与桩间土各 1 个）。

压力计选用振弦式竖向土压力计（埋入式），采用坑式埋设。测试仪器为便携式频率计。

(2) 环墙侧向土压力测点布置

环墙侧向土压力观测点共布置 12 个。观测点沿基础竖向布置 4 组，每组 3 个观测点，按上、中、下布设于基础内侧。

压力计选用边界式（接触式）振弦土压力计，采用预埋模盒法埋设。测试仪器为便携式频率计。

5.2.4 环墙钢筋应力监测点布置

环墙钢筋应力观测点共布置 36 个。环墙钢筋应力观测包括环墙内、外侧环向钢筋应力。在环墙顶部、中部、下部的内外侧 4 排上各布置一个应力观测点为一组（12 个），观测点沿环向共布置 3 组。钢筋应力计拉杆与被测钢筋采用对焊法预焊。

应力计选用振弦式钢筋应力计，测试仪器为便携式频率计。

5.3 监测方法及要求

5.3.1 竖向位移观测

(1) 竖向位移监测网观测

① 水准基点安设后，立即进行原始标高的测量，观察水准基点的稳定情况。在储罐充水试压前两个月内，连续进行 5 次测量，证实水准基点在自重作用下并未发生下沉现象，方可正式使用。

② 竖向位移监测网观测采用几何水准测量法。

③ 外业观测按二等水准测量技术要求，且应符合现行国家标准《国家一、二等水准测量规范》（GB 12897—1991）的规定。竖向位移监测网的精度等级应按变形测量的三等，其主要技术要求应符合现行国家标准《工程测量规范》（GB 50026—1993）的规定。

④ 测量前应对水准仪和水准标尺检验。

⑤ 竖向位移监测网外业结束，应经严密平差求出平差值，并进行精度评定。

⑥ 竖向位移监测网应定期进行复测，复测计算后，应进行网的稳定性分析。复测后两次平差值的较差应符合下式要求：

$$\Delta < 2\sqrt{2u2Q}$$

式中　Δ——两次平差值较差；

u——单位权中误差；

Q——权系数。

⑦ 充水前 1 个月测 1 次，以后应根据复测结果与网稳定性分析结果来调整，复测周期一般每月 1 次。

(2) 环墙竖向位移观测

① 竖向位移观测采用几何水准测量法。

② 竖向位移观测精度满足变形测量的三等要求，其主要技术指标应符合现行国家标准《工程测量规范》（GB 50026—1993）的规定。

③ 测量前应对水准仪和水准标尺检验。

④ 竖向位移观测点测量应采用高精密水准仪及铟钢水准尺进行，水准仪的 I 角应小于 10s，且应定期进行检定。

⑤ 竖向位移观测点测量应采用闭合水准路线，每站可测多个观测点，环线闭合差应小于 $\pm 0.6 \sqrt{n}$ mm，（n 为测站数），视线长度宜小于 30m，视线应高出地面 0.3m。

⑥ 竖向位移观测点布置好后应及时测取初值。

⑦ 作业人员、测量仪器、观测线路和观测时间应固定。

⑧ 观测安排：充水过程中 1 次/1d，每级充水前、停水后，及时观测一次。至最高液面三分之二以后，根据测试结果是否在设计控制指标范围内，确定是否增加观测次数；充满水恒压期 1 次/1d；放水过程中 1 次/1d；放水后 1 次/2d。

（3）储罐底板变形测试

① 观测采用底部带吸盘的改进量油尺，采用水深差值法观测。

② 观测时，以储罐基础边缘水平面为基准，在第一级充水过程中，当充水水面将浮船顶起时，由施工人员拔出立柱、测试人员测取初始值。

③ 储罐基础锥面实测相对变形值应按下列公式计算：

$$S_x = \sum_{i=1}^{n} \Delta S_i$$

$$\Delta S_i = H_i - H_{i-1} - \Delta H_i$$

式中　S_x——储罐基础锥面实测相对变形值（mm）；

ΔS_i——第 i 级充水预压荷载引起的罐基础锥面变形值（mm）；

H_i——第 i 级充水预压荷载观测点的水深（mm）；

H_{i-1}——第 $i-1$ 级充水预压荷载观测点的水深（mm）；

ΔH_i——第 i 级的充水高度（mm）。

④ 当采用水深差值法观测储罐基础锥面变形时，储罐基础锥面沉降量应按下式计算：

$$S_z = S_x + S$$

式中　S_z——储罐基础锥面沉降量（mm）；

S_x——储罐基础锥面实测相对变形值（mm）；

S——储罐基础边缘实测沉降算术平均值（mm）。

⑤ 观测安排：充水过程中 2 次/每级，每级充水前、停水后，各观测一次；充满水恒压期 1 次/5d；放水过程中 2 次/每级；放水后 2 次。

（4）储罐基础（内部土体）锥面变形测试

① 通过横剖面沉降仪进行手动或自动采集沉降量；

② 通过罐中心的两根沉降管 0+0 与 1+0，每 2m 采集一次沉降量，其余沉降管每 4m 采集一次沉降量；

③ 观测安排：充水过程中 2 次/每级，每级充水前、停水后，各观测一次；充满水恒压期 1 次/5d；放水过程中 2 次/每级；放水后 2 次。

（5）地表土竖向位移观测

① 观测方法与要求同环墙竖向位移观测。

② 观测安排：充水过程中 2 次/每级，每级充水前、停水后，各观测一次；充满水恒压期 1 次/5d；放水过程中 2 次/每级；放水后 2 次。

5.3.2 孔隙水压力监测

（1）孔隙水压力计初始值应在孔隙水压力计埋设 7d 后或基础施工之前测取。

（2）钢弦式孔隙水压力计观测应符合下列规定：

频率测读误差小于 1Hz。

孔隙水压力观测值应按下式计算：

$$u_g = K \cdot | f_0^2 - f_i^2 |$$

式中　u_g——孔隙水压力观测值（kPa）；

K——传感器系数（kPa/Hz^2）；

f_0——初始频率（Hz）；

f_i——测读频率（Hz）。

（3）储罐充水预压期间，地基土内实测超静孔隙水压力按下式计算：

$$u = u_g - u_j$$

式中　u——实测超静孔隙水压力（kPa）；

u_j——观测点的静水柱压力（kPa）。

（4）监测安排：充水过程中 1 次/1d；充满水恒压期，在 7 级充水过程结束之后，立即对孔隙水压力进行跟踪监测，1 次/2～4h，捕捉到峰值后，1 次/1d；放水过程中 1 次/1d；放水后 1 次/2d。

5.3.3 土压力监测

（1）土压力计初始值应在填料超过土压力计埋设高程时测取。

（2）钢弦式土压力计观测应符合下列规定：

频率测读误差小于 1Hz。

土压力观测值应按下式计算：

$$p = K \cdot | f_0^2 - f_i^2 |$$

式中　p——土压力观测值（kPa）。

（3）监测安排：充水过程中 2 次/每级；充满水恒压期 1 次/5d；放水过程中 2 次/每级；放水后 2 次。

5.3.4 钢筋应力监测

（1）钢筋应力计初始值应在环墙内填料开始之前测取。

（2）钢弦式钢筋应力计观测应符合下列规定：

频率测读误差小于 1Hz。

钢筋应力观测值应按下式计算：

$$\sigma = K \cdot | f_0^2 - f_i^2 |$$

式中　σ——钢筋应力观测值（kPa）。

（3）监测安排：充水过程中 2 次/每级；充满水恒压期 1 次/5d；放水过程中 2 次/每级；放水后 2 次。

6 监测资料分析整理

6.1 竖向位移观测

6.1.1 T-1 罐环墙竖向位移观测

T-1 罐沿环墙均布 32 个沉降观测点，在整个充水过程中，观测点的日沉降量最大为 3.4mm/d，在设计要求范围内（每级充水过程中，日沉降量控制在 5mm，最大沉降量不得超过 10mm）；充满水恒压期间，放水前所有观测点的日沉降量最大为 0.9mm/d，满足设计放水要求（放水前、基本稳定时间沉降量不得超过 2mm/d，即充满水恒压期间，当所有观测点的沉降量均小于 2mm/d，且满足恒压至少 10d 的条件下方可放水）。在充水过程、充满水恒压期 2 个阶段，观测结果正常，各种沉降计算指标符合设计要求。放水前沉降观测控制指标见表 6-1。

放水前沉降控制指标计算表　　　　　表 6-1

max 日沉降量（mm）	−0.9（点号 25）	min 日沉降量（mm）	−0.1（点号 19）
max 终沉降量（mm）	−32.5（点号 24）	min 终沉降量（mm）	−15.4（点号 15）
max 相邻点沉降差（mm）	4.9（点号 27-28）	min 相邻点沉降差（mm）	0.1（点号 7-8，9-10，12-13，30-31）
max 直径方向沉降差（mm）	15.6（点号 9-25）	min 直径方向沉降差（mm）	0.0（点号 2-18）

整个观测过程中，观测点最大沉降量为 32.5mm（观测点号 24，在罐西部）；任意相邻点沉降差最大值为 4.9mm［设计要求：沿罐壁圆周方向任意相邻观测点 10m 弧长内的沉降差应不大于 25mm（最终值），当达到 10mm 时，观测人员及时提出共同研究，并采取相应措施］观测点号：27～28，出现在罐西部；任意直径方向沉降差最大值为 15.6mm［设计要求：任意直径方向沉降差不得大于 3‰D（最终值），即不得超过 300mm。当此值达到 1.5‰D 时，即达到 150mm 时，观测人员及时提出并与有关人员共同研究，采取相应措施］观测点号：9～25，基本为东西向。

施工过程中，32 个沉降观测点在各阶段节点的累计沉降量见表 6-2，在各阶段节点的环墙累计沉降量展开图见图 6-1，沉降量投影图见图 6-2，各种控制指标的观测计算结果见表 6-3。

T-1 罐沉降观测点在各阶段节点的累计沉降量表（单位：mm）　　　　表 6-2

沉降点号	起测基准	上水前	最高水位	恒压 10d	放水结束	测试结束
0		0.6	−14.4	−16.5	−2.9	−1.2
1		0.0	−15.6	−17.7	−4.5	−2.7

沉降点号	起测基准	上水前	最高水位	恒压 10d	放水结束	测试结束
2	0	0.1	−14.8	−16.6	−4.2	−2.2
3	0	0.4	−13.5	−15.7	−3.8	−1.4
4	0	0.2	−14.3	−16.2	−4.8	−2.4
5	0	0.0	−14.7	−16.8	−5.0	−2.6
6	0	−1.1	−16.6	−18.9	−6.2	−4.2
7	0	−1.1	−14.8	−17.0	−5.4	−3.3
8	0	−1.0	−15.0	−17.0	−5.6	−3.6
9	0	−0.9	−13.6	−15.9	−4.9	−3.1
10	0	−0.7	−13.9	−16.0	−4.8	−2.8
11	0	−0.5	−15.0	−17.2	−5.4	−3.4
12	0	0.1	−14.3	−16.9	−5.1	−3.0
13	0	−0.7	−14.8	−17.0	−6.0	−4.0
14	0	−0.7	−14.2	−16.6	−5.5	−3.5
15	0	−0.3	−12.8	−15.4	−4.7	−2.7
16	0	−0.8	−13.4	−16.1	−5.3	−3.5
17	0	−1.4	−14.0	−16.9	−6.0	−4.1
18	0	0.2	−13.9	−16.6	−5.5	−3.2
19	0	−0.1	−14.8	−17.5	−6.1	−3.7
20	0	−0.8	−18.7	−22.2	−8.9	−6.7
21	0	−0.4	−20.3	−24.6	−10.7	−8.2
22	0	−0.9	−24.2	−29.0	−14.2	−12.4
23	0	−0.6	−26.1	−31.6	−17.2	−15.0
24	0	−1.2	−27.5	−32.5	−19.0	−16.5
25	0	−1.2	−26.1	−31.5	−18.0	−16.0
26	0	−0.5	−23.6	−28.3	−13.9	−11.1
27	0	−0.5	−21.2	−25.3	−9.4	−7.4
28	0	0.0	−17.9	−20.4	−6.3	−4.2
29	0	−1.1	−17.7	−19.7	−6.1	−4.3
30	0	−0.4	−16.1	−17.9	−4.6	−2.9
31	0	−1.1	−16.5	−17.7	−4.9	−3.3
平均值	0.0	−0.5	−17.0	−19.8	−7.3	−5.3
备注	2004 年 7 月 7 日	2004 年 11 月 23 日	2004 年 12 月 10 日	2004 年 12 月 19 日	2005 年 1 月 15 日	2005 年 2 月 21 日

　　根据不同阶段的环墙沉降累计展开图，在罐体施工期，环墙沉降几乎没有，上水前平均沉降量仅为 0.5mm，随充水加荷的进行，环墙沉降量增加，且罐体西南 20～27 号沉降点出现局部不均匀沉降，由两侧向中间沉降量逐渐加大，但整体不均匀沉降量并不大；各点沉降量在最高水位恒压 10d 过程中达到峰值，泄水后反弹，泄水反弹线与最高水位恒压 10d 的沉降线基本平行，说明各点反弹量基本一致。从实测结果看 20～27 号沉降点平均反弹 14.2mm，其余沉降点平均反弹 11.9mm，两者仅差 2.3mm。

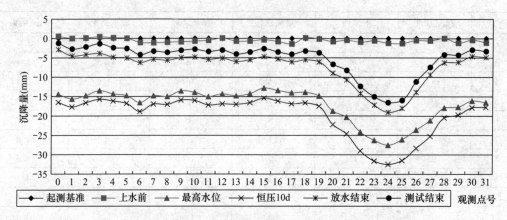

图 6-1 T-1 罐沉降观测点在各阶段节点的累计沉降展开图

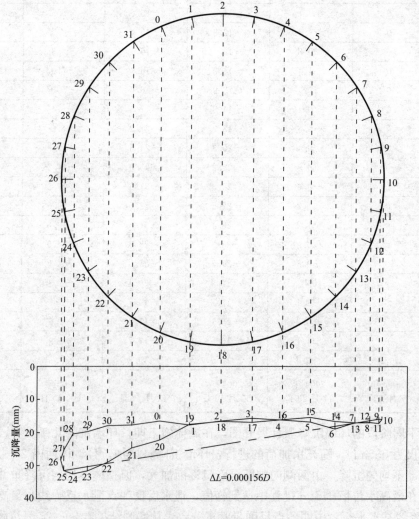

图 6-2 T-1 罐沉降观测点在放水前的累计沉降投影图

T-1 罐沉降观测控制指标计算结果表 表 6-3

控制指标	上水前	最高水位	恒压 10d	放水结束	测试结束
沉降点 ΔS_{max} (mm)	1.4 (点号 17)	27.5 (点号 24)	32.5 (点号 24)	19.0 (点号 24)	16.5 (点号 24)
相邻点 ΔL_{max} (mm)	1.6 (点号 17～18)	3.9 (点号 21～22)	4.9 (点号 27～28)	4.5 (点号 26～27)	5.1 (点号 25～26)
对径点 ΔD_{max} (mm)	1.4 (点号 0～16, 1～17)	12.6 (点号 8～24, 9～25)	15.6 (点号 9～25)	13.4 (点号 8～24)	13.0 (点号 8～24)
沉降速率 (mm/d)	0.0	2.3 (点号 21)	0.9 (点号 25)	-0.5 (点号 0)	0.0
备注	2004 年 11 月 23 日	2004 年 12 月 10 日	2004 年 12 月 19 日	2005 年 1 月 15 日	2005 年 2 月 21 日

图 6-2 也较为直观地展现了罐体西南 20～27 号沉降点沉降量稍大，其余各点沉降量比较一致、连线接近直线，对经点最大沉降差出现在 9～25 号点，平面倾斜 $\Delta D/D =$ 0.000156，非常小，倾斜量仅产生于罐体西南侧，为局部倾斜。

T-1 罐在罐体的西南侧 20～27 号沉降点之间沉降量稍大，分析原因为 T-1 罐场区偏西侧分布有 2-1 层粉质黏土或 2-2 层粉土夹粉质黏土（承载力特征值 125～130kPa），2 层于该侧的分布厚度不大，罐基坑开挖时，大部分挖除，但由于厚度分布不均，西南侧部分区域仍会分布有 2 层土（如 G4 孔 2 层最大分布深度 4.7m，见油库扩建工程地勘报告 2003-491），而其余部位分布 3-1 层粉质黏土（承载力特征值 270kPa），正是由于碎石桩桩顶土的土质差别，才导致局部的不均匀沉降，且由于 2 层剩余厚度不大，不均匀沉降量很小，最大点（24 号点）与沉降均匀区各点沉降的平均值仅差 15.4mm。

充水过程与沉降速率—时间的过程线见图 6-3，充水过程与环墙累计沉降（相邻点沉降差、对径点沉降差）—时间过程线见图 6-4。

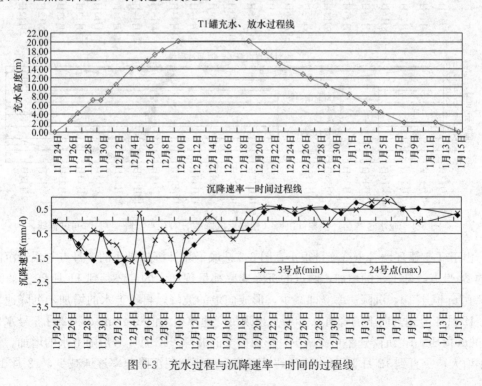

图 6-3　充水过程与沉降速率—时间的过程线

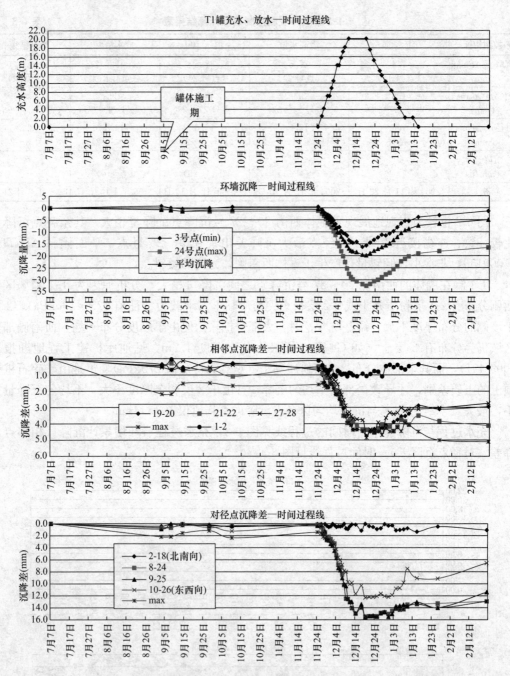

图6-4 充水过程与环墙累计沉降（相邻点沉降差、对径点沉降差）—时间过程线

由于 T-1 罐环墙各点沉降量很小，图 6-2 选取了累计沉降最小的 3 号点与累计沉降最大的 24 号点，随上水的增加，两点的沉降速率都呈现增大的趋势，到 11 月 29 号，水位在 7.07m 恒压 1d，沉降速率立即减少，形成向上的波峰，再随上水的增加，沉降速率增大，12 月 4 号达到向下的峰值，24 号点出现沉降速率最大值 3.4mm/d，12 月 5 号水位在 14.06m 恒压 1d，沉降速率再次减少，形成向上的波峰。12 月 5 号后随上水的增加，沉降速率增大，一直到 12 月 10 号水位达到最高值。恒压期间沉降速率逐渐减少，12 月 19 日

后，随罐体泄水，沉降速率立即呈正值反弹，且反弹速率接近，根据"反弹量＝反弹速率×时间"的公式，可以推测各点反弹量基本一致，这也与实测结果相符。整个上水过程，实测沉降速率随上部荷载变化反映与理论分析呈现很好的一致性。

图6-4中环墙累计沉降—时间过程线选取了累计沉降最小的3号点、累计沉降最大的24号点及各点累计沉降平均值随荷载、时间的变化过程，根据环墙累计沉降—时间过程线，在罐体施工期，3条线非常接近，说明罐体整体沉降均匀，随充水加荷的进行，沉降量逐渐增加，且3号点与24号点的线距呈增加趋势，说明不均匀沉降量随上部充水荷载的增加呈现加大趋势。在放水前，3条线的沉降量达到峰值，泄水均出现反弹，泄水结束后反弹线趋势平缓，逐渐接近水平。3条线的反弹段接近平行，说明各点反弹量基本一致，充水试压对于振冲碎石桩复合地基处于弹性压缩阶段。

图6-4中相邻点沉降差—时间过程线从相邻差异沉降明显的罐体西南侧选取了差异沉降较大的19～20、20～21、27～28号沉降点及罐体沉降均匀部位任选1～2号沉降点、差异沉降最大值随荷载、时间的变化过程。根据相邻点沉降差—时间过程线，罐体施工期，相邻点差异沉降量很小，基础整体呈均匀下沉，上水前，19～20、20～21、27～28号都未与最大值线相交，说明上水前，环墙西南侧并未出现较大差异沉降。随充水加荷的进行，1～2号沉降点相邻点差异沉降量并未随荷载增加发生明显变化，说明该处基础下地基条件均匀，随充水加荷的进行两点沉降量基本相同；西南侧累计沉降量大小交界处、相邻点差异沉降增加趋势明显，尤其是19～20、20～21、27～28号等3条差异沉降线与最大值线交织明显，西南侧基础摇摆下沉明显，在放水前，4条线的差异沉降量达到峰值，泄水过程中，差异沉降变化不大，差异沉降线走势平缓，说明各点反弹量基本相同，加荷结束后，相邻点沉降差随时间而发展，储罐基础不再出现摇摆下沉。产生这种下沉的原因主要是上部结构与地基产生共同作用的结果，由于罐体西南侧地基本身不均匀，在受力变形过程中，使变形较大的部位传递给变形较小的部位，而上部结构主要起调整沉降差的作用，即所谓"应力重分布"。

图6-3中对径点沉降差—时间过程线从对径点差异沉降明显的东西向选取了差异沉降较大的8～24、9～25号沉降点及东西向10～26号沉降点、北南向2～18号沉降点、对径点差异沉降最大值随荷载、时间的变化过程。根据邻点沉降差—时间过程线，罐体施工期，对邻点差异沉降量很小，基础整体呈均匀下沉，上水前，8～24、9～25、10～26号沉降点都未与最大值线相交，说明上水前，环墙东西直径向并未出现较大差异沉降。随充水加荷的进行，2～18号（北—南）沉降点对径点差异沉降量并未随荷载增加发生明显变化，说明该方向地基条件均匀，随充水加荷的进行、两点沉降量基本相同；东西向对径点差异沉降增加趋势明显，尤其是8～24、9～25号沉降点差异沉降线与最大值线交织明显，西南侧基础摇摆下沉明显，在放水前，4条线的差异沉降量达到峰值，泄水过程中，差异沉降变化不大，差异沉降线走势平缓，说明东西向各点反弹量也基本相同，加荷结束后，对径点沉降差随时间而发展，储罐基础不再出现摇摆下沉。

6.1.2 T-1罐底板变形测试

T-1罐罐底沉降观测点，利用浮船立柱孔洞在二条互相垂直直径上布置2圈，计10个测点（中心设2个）。放水前实测变形值分别为：距罐中心2.15m两点（9、10）沉降平均值：69.7mm；距中心 33.35m，4 点（1、3、5、7）沉降平均值：60.7mm；距中心 17.75m，4 点（2、4、6、8）沉降平均值：58.9mm。沉降最大点出现在距中心 2.15m 的 10 号点：75.7mm。最高水位时平均锥面坡度 13.92‰，放水结束时（1 月 12 日）平均锥面坡度 14.25‰。底板观测结果符合设计要求。

施工过程中，10 个观测点在各阶段节点的累计变形量见表 6-4 和图 6-5，其中上水前各测点变形量为根据理论锥面坡度 15‰条件下的推测值。

T-1 罐底板观测点在各阶段节点的变形量表（mm） 表 6-4

点号	基础竣工	上水始	最高水位	恒压 10d	放水结束
1	0	5.8	47.9	55.7	26.8
2	0	18.8	55.9	62.7	34.8
3	0	15.8	50.9	56.7	26.8
4	0	14.8	55.9	61.7	32.8
5	0	19.8	53.9	60.7	31.8
6	0	4.8	42.9	49.7	19.8
7	0	14.8	58.9	69.7	39.8
8	0	11.8	51.9	61.7	35.8
9	0	19.8	59.9	63.7	35.8
10	0	27.8	70.9	75.7	46.8
1、3、5、7 平均值		23.5	52.9	60.7	31.3
2、4、6、8 平均值		21.2	51.6	58.9	30.8
9、10 平均值		24.2	65.4	69.7	41.3
备注	2004 年 7 月 29 日	2004 年 11 月 29 日	2004 年 12 月 10 日	2004 年 12 月 19 日	2005 年 1 月 12 日

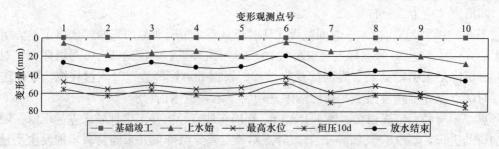

图 6-5 T-1 罐底板观测点在各阶段节点的变形图

根据不同阶段的底板变形图，在罐体施工期，底板稍有变形，且变形量分布不均匀，范围为 4.8～27.8mm，此阶段由于罐体本身荷载不大，变形量主要因环墙内砂、素土垫层等的压缩产生，变形规律性不强，但大致反映不同部位垫层的施工压密情况。随充水加荷的进行，底板变形量增加，各点变形量在最高水位恒压 10d 过程中达到峰值，除 1、7 号点相对变形量增幅稍大外，其余各点变形量增幅接近，变形线基本保持上水前的形状。泄水后反弹，泄水反弹线与最高水位恒压 10d 的沉降线基本平行，说明各点反弹量基本一致。从实测结果看反弹量最小值为 25.9mm，最大值为 29.9mm，两者仅差 4mm。T-1 罐底板变形随时间、上水的变化过程线见图 6-6。

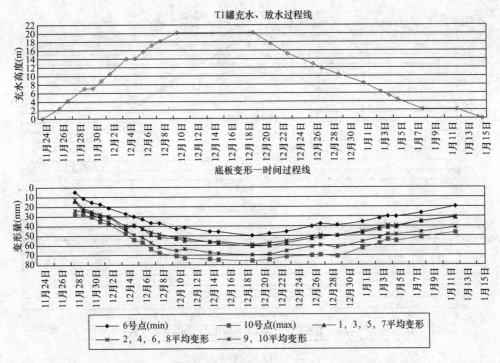

图 6-6　T-1 罐底板变形随时间、充（泄）水的变化过程

图 6-6 选取了底板绝对变形的最大、最小点，距罐中心 2.15m 两点（9、10）平均变形，距中心 17.75m、4 点（1、3、5、7）平均变形，距中心 33.35m、4 点（2、4、6、8）平均变形，随时间、荷载的变化过程线，根据图 6-6，随充水加荷的进行，变形量逐渐增加，此阶段变形坡度稍陡，达到最高水位后，变形线趋向平缓，放水前变形量都达到最大值。泄水出现反弹，反弹线平行，说明各点反弹量基本一致。整个充、放水过程中距中心 17.75m 四点平均变形与距中心 33.35m 四点平均变形基本重合，说明，两个半径环向上底板变形量接近，从实测平均值看，相差 0.5~1.8mm。

根据北—南向（环墙 2、18 号沉降测点，底板 1、2、9、10、6、5 号变形点）环墙及底板实测变形量，东—西向（环墙 10、26 号沉降测点，底板 3、4、9、10、8、7 号变形点）环墙及底板实测变形量，放水前，两个方向底板实测绝对变形图、实测剖面图见图 6-7。

从实测剖面看，由于底板变形量很小且相差不大，东—西与北—南向锥面形状甚为接近。

关于底板变形，按弹性理论分析可知：一个圆形均布荷载作用在均质的无限厚土层上，罐中心沉降量为边缘沉降量之二倍，从实测结果看，底板实测变形近似平底锅（放水前中心变形平均值为 69.7mm，距中心 17.75m 四点沉降平均值为 60.7mm，距中心 33.35m 四点沉降平均值为 58.9mm，差值分别为 9mm、10.8mm），由于变形点数量较少，暂无法推测平底的边缘位置。分析原因有二，第一是 T-1 罐为碎石起坡，罐内沥青砂垫层、砂土、素土的厚度均匀，第二是振冲碎石桩复合地基的加固效果，罐整体沉降量较少。

充水过程中，两个方向底板实测相对（充水前）变形见图 6-8。

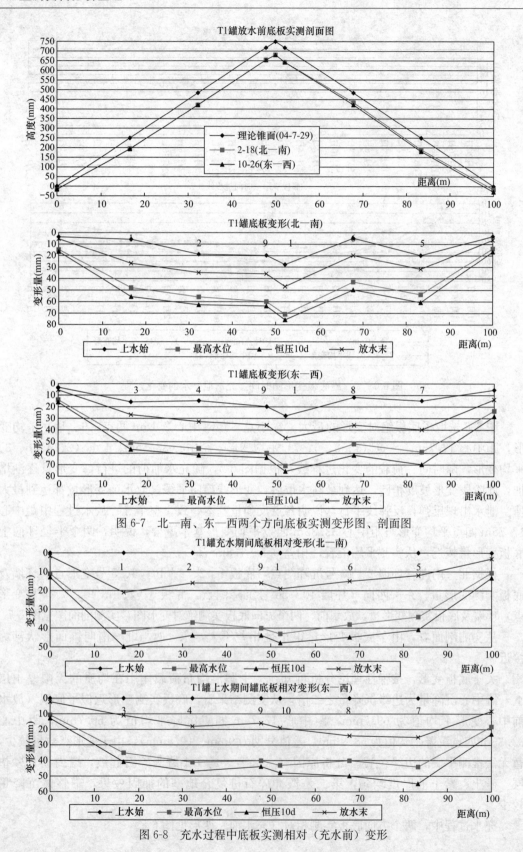

图 6-7 北—南、东—西两个方向底板实测变形图、剖面图

图 6-8 充水过程中底板实测相对（充水前）变形

从图 6-8 看，随充水加荷的进行，底板变形量基本是呈从边缘向中间增大的趋势，但北侧 1 号点，相对变形量稍大，分析原因一是上水前，该处变形较小为 5.8mm，略向上凸，加荷过程中应力集中，导致相对变形稍大，二是该处桩表层存在 2 层土（G2 孔，2-1 层，分布深度 1.00～3.30m），地基局部不均匀所致。西侧 7 号点相对变形量稍大，主要原因是该处桩表层存在 2 层土，地基局部不均匀所致。

6.1.3　T-2 罐环墙竖向位移观测

T-2 罐沿环墙均布 32 个沉降观测点，在整个充水过程中，观测点的日沉降量最大为 4.4mm/d；充满水恒压期间，放水前所有观测点的日沉降量最大为 0.7mm/d，满足设计放水要求；在充水过程、充满水恒压期 2 个阶段，观测结果正常，各种沉降计算指标符合设计要求。放水前沉降观测控制指标见表 6-5。

T-2 放水前沉降控制指标计算表　　　　　　　　　　　　表 6-5

max 日沉降量（mm）	−0.7（点号 25）	min 日沉降量（mm）	0.0（点号 1，4，7，10，16）
max 终沉降量（mm）	−74.6（点号 25）	min 终沉降量（mm）	−15.2（点号 1）
max 相邻点沉降差（mm）	15.5（点号 28～29）	min 相邻点沉降差（mm）	0.0（点号 4～5）
max 直径方向沉降差（mm）	57.8（点号 8～24）	min 直径方向沉降差（mm）	1.6（点号 0～16）

整个观测过程中，观测点最大沉降量为 74.6mm，观测点号 25，在罐西部，观测点最小沉降量为 15.2mm；任意相邻点沉降差最大值为 15.5mm，观测点号：28～29，出现在罐西北部，任意相邻点沉降差超过 10mm 的另一组观测点号：19～20，沉降差为 14.7mm，出现在罐西南部；任意直径方向沉降差最大值为 57.8mm，观测点号：8～24，为正东西向。

施工过程中，32 个沉降观测点在各阶段节点的累计沉降量见表 6-6，在各阶段节点的沉降量展开图见图 6-9，沉降量投影图见图 6-10，各种控制指标的观测计算结果见表 6-7。

T-2 罐沉降观测点在各阶段节点的累计沉降量表（单位：mm）　　　表 6-6

沉降点号	起测基准	上水前	最高水位	恒压 10d	放水结束	测试结束
0	0	−3.0	−16.5	−18.9	−9.3	−7.3
1	0	−1.3	−14.7	−15.2	−6.2	−4.6
2	0	−2.8	−16.8	−17.5	−8.7	−7.0
3	0	−2.6	−16.8	−17.3	−8.2	−6.8
4	0	−2.1	−16.5	−17.0	−7.5	−6.0
5	0	−1.3	−15.9	−16.9	−7.2	−5.3
6	0	−1.9	−16.1	−16.2	−7.7	−5.2
7	0	−2.4	−17.3	−18.1	−9.3	−7.6
8	0	−2.0	−16.1	−16.6	−8.1	−6.5
9	0	−2.4	−16.6	−17.2	−7.6	−6.3
10	0	−2.2	−16.3	−17.1	−7.4	−5.9

续表

沉降点号	起测基准	上水前	最高水位	恒压 10d	放水结束	测试结束
11	0	−0.9	−15.1	−16.0	−6.5	−4.8
12	0	0.0	−15.2	−16.1	−6.6	−5.1
13	0	−1.5	−18.0	−19.7	−9.3	−7.3
14	0	−0.8	−17.5	−19.5	−8.8	−6.7
15	0	−2.8	−21.5	−23.4	−12.4	−10.1
16	0	−0.6	−18.7	−20.5	−10.3	−8.1
17	0	−1.6	−22.5	−25.1	−14.0	−11.6
18	0	−2.2	−26.9	−30.5	−19.2	−17.0
19	0	−2.4	−31.7	−36.4	−25.0	−22.8
20	0	−5.3	−45.0	−51.1	−39.0	−37.0
21	0	−5.3	−50.3	−58.1	−46.2	−44.4
22	0	−5.1	−55.3	−64.5	−53.0	−52.5
23	0	−5.8	−57.4	−67.5	−57.1	−55.2
24	0	−7.1	−64.0	−74.4	−63.2	−61.3
25	0	−6.7	−63.9	−74.6	−62.9	−61.3
26	0	−8.3	−63.0	−72.9	−61.2	−59.3
27	0	−6.5	−54.4	−62.7	−51.4	−49.5
28	0	−6.2	−45.2	−52.1	−40.1	−38.3
29	0	−0.8	−31.5	−36.5	−24.7	−22.6
30	0	−1.4	−23.3	−26.8	−15.7	−13.3
31	0	−0.7	−16.3	−18.8	−8.8	−6.5
平均值	0.0	−3.0	−29.3	−33.0	−22.6	−20.7
备注	2004 年 7 月 7 日	2004 年 12 月 17 日	2005 年 1 月 8 日	2005 年 1 月 17 日	2005 年 2 月 4 日	2005 年 3 月 3 日

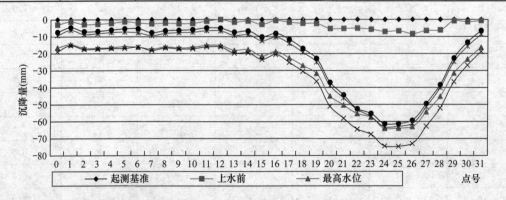

图 6-9 T-2 罐沉降观测点在各阶段节点的沉降量展开图

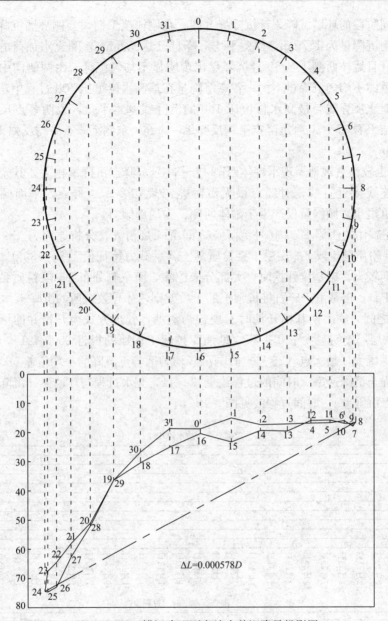

图 6-10 T-2 罐沉降观测点放水前沉降量投影图

T-2 罐沉降观测控制指标计算结果表   表 6-7

控制指标	上水前	最高水位	恒压 10d	放水结束	测试结束
沉降点 ΔSmax(mm)	8.3 （点号 26）	64.0 （点号 24）	74.6 （点号 25）	63.2 （点号 24）	61.3 （点号 24、25）
相邻点 ΔLmax(mm)	5.4 （点号 27～28）	13.7 （点号 28～29）	15.5 （点号 28～29）	15.3 （点号 28～29）	15.7 （点号 28～29）
对径点 ΔDmax(mm)	6.2 （点号 12～28）	48.0 （点号 8～24）	57.8 （点号 8～24）	55.2 （点号 9～25）	55.0 （点号 9～25）
沉降速率 （mm/d）	0.0	3.6 （点号 25）	0.7 （点号 25）	—0.6 （点号 29）	0.0
备注	2004 年 12 月 17 日	2005 年 1 月 8 日	2005 年 1 月 17 日	2005 年 2 月 4 日	2005 年 3 月 3 日

根据不同阶段的环墙沉降累计沉降展开图，在罐体施工期，西侧环墙沉降已稍大于东侧，东侧平均沉降量为 1.7mm，西侧平均沉降量已达 4.6mm，随充水加荷的进行，环墙沉降量增加，且罐体西侧 17～30 号沉降点出现明显不均匀沉降，由两侧向中间沉降量逐渐加大，但整体不均匀沉降量不大；各点沉降量在最高水位恒压 10d 过程中达到峰值，泄水后反弹，泄水反弹线与最高水位恒压 10d 的沉降线基本平行，说明各点反弹量基本一致。从实测结果看 17～30 号沉降点平均反弹 13.4mm，东侧沉降点平均反弹 11.4mm，两者仅差 2.0mm。

图 6-10 也较为直观地展现了罐体西南 17～30 号沉降点沉降量稍大，其余各点沉降量比较一致、连线接近直线，对经点最大沉降差出现在 8～24 号点，平面倾斜 $\Delta D/D =$ 0.000576，也很小，倾斜量仅产生于罐体西侧，为局部倾斜。

T-2 罐在罐体的西侧 17～30 号沉降点之间沉降量稍大，分析原因为 T-2 罐场区西侧分布有 2-1 层粉质黏土或 2-2 层粉土夹粉质黏土（承载力特征值 125～130kPa），2 层于该侧的分布厚度较大，罐基坑开挖时，大部分未挖除，而东侧分布 3-1 层粉质黏土（承载力特征值 270kPa），正是由于碎石桩桩顶土的土质差别，才导致东西的沉降不均匀，且 23～24 号沉降点之间，施工期基槽开挖时发现曾为鱼塘，处理方式为开挖并回填碎石。由于 T-2 罐西侧 2 层厚度明显大于 T-1 罐（见油库扩建工程地勘报告 2003-491），导致不均匀沉降量较 T-1 罐大，最大点（25 号点）与沉降均匀区各点沉降的平均值差 56.7mm。

充水过程与沉降速率—时间的过程线见图 6-11，充水过程与环墙累计沉降（相邻点沉降差、对径点沉降差）—时间过程线见图 6-12。

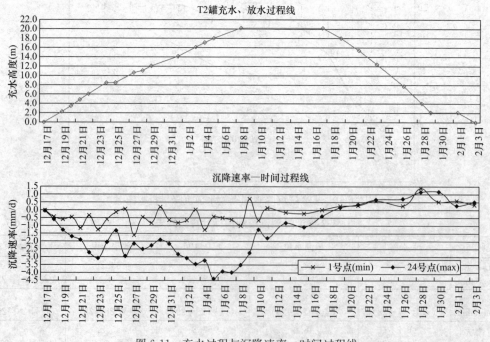

图 6-11 充水过程与沉降速率—时间过程线

图 6-11 选取了累计沉降最小的 1 号点与累计沉降最大的 24 号点，随上水的增加，两点的沉降速率都呈现增大的趋势，到 12 月 24 号，水位在 8.48m 恒压 1d，沉降速率立即

减少，在 25 日形成向上的波峰，再随上水的增加，沉降速率增大，并随上水速度的变化而相应成正比例调整，1 月 5 号在 18.02m 水位，沉降速率达到向下的峰值，24 号点出现沉降速率最大值－4.4mm/d，而后由于上水速度减缓，沉降速率再次逐渐减少，一直到放水前，1 月 17 日后，随罐体泄水，沉降速率立即呈正值反弹，且反弹速率接近，各点反弹量基本一致。

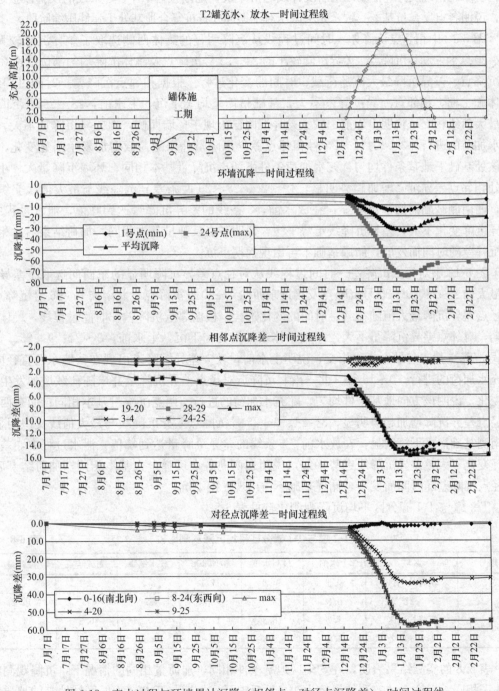

图 6-12　充水过程与环墙累计沉降（相邻点、对径点沉降差）—时间过程线

图 6-12 中环墙累计沉降—时间过程线选取了累计沉降最小的 3 号点、累计沉降最大的 24 号点及各点累计沉降平均值随荷载、时间的变化过程，根据环墙累计沉降—时间过程线，在罐体施工期，24 号沉降线较其他 2 条线沉降量稍大，但非常接近，说明罐体整体沉降比较均匀，随充水加荷的进行，沉降量逐渐增加，同时 1 号点与 24 号点的线距呈增加趋势，说明不均匀沉降量随上部充水荷载的增加呈现加大趋势。在放水前，3 条线的沉降量达到峰值，泄水均出现反弹，泄水结束后反弹线趋势平缓，逐渐接近水平。3 条线的反弹段接近平行，说明各点反弹量基本一致，充水试压对于振冲碎石桩复合地基处于弹性压缩阶段。

图 6-12 中相邻点沉降差—时间过程线从沉降明显的罐体西侧选取了差异沉降较大的 19～20、28～29 号沉降点、差异沉降较小的 24～25 号沉降点及罐体沉降均匀部位任选 3～4 号沉降点、差异沉降最大值随荷载、时间的变化过程。根据相邻点沉降差—时间过程线，罐体施工期，相邻点差异沉降量不大，基础整体呈均匀下沉，上水前，28～29 号沉降线与最大值线相交，说明上水前，较大差异沉降已出现于环墙西侧，但差异沉降量不大。随充水加荷的进行，3～4、24～25 号相邻点差异沉降量并未随荷载增加发生明显变化，说明该处基础下地基条件均匀，充水加荷条件下两点沉降量基本相同；环墙沉降量大、小交界处相邻点差异沉降增加趋势明显，19～20、28～29 两条差异沉降线与最大值线交织明显，西南侧基础摇摆下沉明显，在放水前，3 条线的差异沉降量达到峰值，泄水过程中，差异沉降变化不大，差异沉降线走势平缓，说明各点反弹量基本相同，加荷结束后，相邻点沉降差随时间而发展，储罐基础不再出现摇摆下沉。

图 6-12 中对径点沉降差—时间过程线从对径点差异沉降明显的东西向选取了差异沉降最大的 8～24、9～25 号沉降点及接近东西向 4～20 号沉降点、北南向 0～16 号沉降点、对径点差异沉降最大值随荷载、时间的变化过程。根据邻点沉降差—时间过程线，罐体施工期，对邻点差异沉降量不大，基础整体基本呈均匀下沉，上水前，8～24、9～25、4～20 号沉降点都未与最大值线相交，说明上水前，较大差异沉降未出现在环墙东西直径向。随充水加荷的进行，0～16 号（北—南）沉降点对径点差异沉降量并未随荷载增加发生明显变化，说明该方向地基条件均匀，随充水加荷的进行、两点沉降量基本相同；而东西向对径点差异沉降增加趋势明显，8～24、9～25 号沉降点差异沉降线与最大值线交织明显，西南侧基础摇摆下沉明显，在放水前，4 条线的差异沉降量达到峰值，泄水过程中，差异沉降变化不大，差异沉降线走势平缓，说明东西向各点反弹量也基本相同，加荷结束后，对径点沉降差随时间而发展，储罐基础不再出现摇摆下沉。

T-2 罐与 T-1 罐分区平均沉降观测比较见表 6-8。

T-2 罐与 T-1 罐分区平均沉降观测比较　　　　　　　　　　　表 6-8

罐号	区域	上水前	最高水位	恒压 10d	放水结束	测试结束	反弹量
T-1	沉降均匀区	0.4	14.9	17.1	5.2	3.1	11.9
	"20～27" 区	0.8	23.5	28.1	13.9	11.7	14.2
T-2	沉降均匀区	1.7	16.8	17.9	8.3	6.5	11.4
	"17～30" 区	4.6	45.3	52.4	40.9	39.0	13.4

表 6.8 的实测结果表明，在均匀区地基条件相同，加荷量相同的情况下，沉降观测结果几乎相同，表 6.8 的实测结果较为明显地反映了 T-1 罐与 T-2 罐不同区域地基的地质条

件差异，实测结果与工勘资料、地基处理、复合地基检验情况非常吻合。

6.1.4 T-2 罐底板变形测试

T-2 罐罐底沉降观测点，利用浮船立柱孔洞在两条互相垂直直径上布置 2 圈，距中心 2.15m 两点（9、10）沉降平均值：91.4mm；距中心 17.75m，4 点（1、3、5、7）沉降平均值：77.9mm；距中心 33.35m，4 点（2、4、6、8）沉降平均值：80.9mm。沉降最大点出现在距中心 17.75m 的 8 号点（正西方向）：117.4mm。底板的观测结果正常。最高水位时平均锥面坡度 13.778‰，放水结束时（2 月 1 日）平均锥面坡度 14.25‰。底板观测结果符合设计要求。

施工过程中，10 个观测点在各阶段节点的变形量见表 6-9 和图 6-13，其中上水前各测点变形量为根据理论锥面坡度 15‰条件下的推测值。

T-2 罐底板观测点在各阶段节点的变形量表（mm）   表 6-9

点号	基础竣工	上水始	最高水位	恒压 10d	放水结束
1	0	12.8	50.0	61.4	27.1
2	0	3.8	53.0	59.4	28.1
3	0	24.8	75.0	81.4	52.1
4	0	17.8	72.0	77.4	46.1
5	0	10.8	60.0	66.4	39.1
6	0	10.8	61.0	69.4	41.1
7	0	6.8	95.0	102.4	74.1
8	0	31.8	106.0	117.4	85.1
9	0	20.8	81.0	92.4	57.1
10	0	21.8	80.0	90.4	60.1
1、3、5、7 平均值		13.8	70.0	77.9	48.1
2、4、6、8 平均值		16.1	73.0	80.9	50.1
9、10 平均值		21.3	80.5	91.4	58.6
备注	2004 年 7 月 29 日	2004 年 12 月 19 日	2005 年 1 月 8 日	2005 年 1 月 17 日	2005 年 2 月 1 日

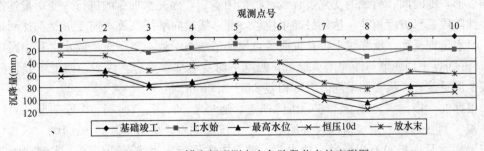

图 6-13 T-2 罐底板观测点在各阶段节点的变形图

根据不同阶段的底板变形图，在罐体施工期，底板稍有变形，且变形量分布不均匀，3.8～20.8mm，此阶段由于罐体本身荷载不大，变形量主要因环墙内沥青砂、砂、素土垫层等的压缩产生，9、10 整体变形虽略大于其他点，但变形规律性并不明显，变形大致反映不同部位垫层的施工压密情况。随充水加荷的进行，底板变形量增加，各点变形量在最高水位恒压 10d 过程中达到峰值，7 号点相对变形量增加幅度明显，其他各点变形量增加幅度接近，变形线基本保持上水前的形状。泄水后反弹，泄水反弹线与最高水位恒压 10d 的沉降线基本平行，说明各点反弹量基本一致。从实测结果看反弹量最小值为 27.3mm，最大值为 35.3mm，两者差 8mm。

T-2 罐底板变形随时间、上水的变化过程线见图 6-14。

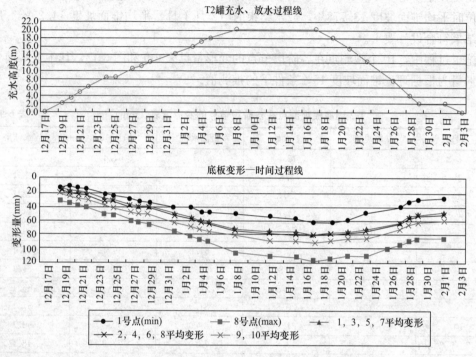

图 6-14　T-1 罐底板变形随时间、充（泄）水的变化过程

图 6-14 选取了底板绝对变形的最大、最小点，距罐中心 2.15m 两点（9、10）平均变形，距中心 17.75m、4 点（1、3、5、7）平均变形，距中心 33.35m、4 点（2、4、6、8）平均变形，随时间、荷载的变化过程线，根据图 6-14，随充水加荷的进行，变形量逐渐增加，此阶段变形坡度稍陡，达到最高水位后，变形线趋向平缓，放水前变形量都达到最大值。泄水出现反弹，反弹线平行，说明各点反弹量基本一致。整个充、放水过程中距中心 17.75m 四点平均变形与距中心 33.35m 四点平均变形基本重合，说明，两个半径环向上底板变形量接近，从实测平均值看，相差 2.0～3.0mm。

根据北—南向（环墙 0、16 号沉降测点，底板 1、2、9、10、6、5 号变形点）环墙及底板实测变形量，东—西向（环墙 8、24 号沉降测点，底板 3、4、9、10、8、7 号变形点）环墙及底板实测变形量，放水前，两个方向底板实测绝对变形图、实测剖面图见图 6-15。

从实测剖面看，T-2 罐东—西向略低于北—南向，即东侧底板变形量比北侧底板变形量大 18～20mm，西侧底板变形量比南侧底板变形量大 36～48mm 由于底板变形量很小且相差不大，东—西与北南向锥面形状甚为接近。

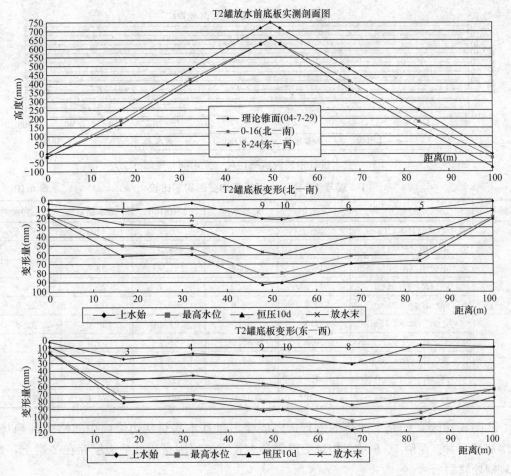

图 6-15　北—南、东—西两个方向底板实测变形图、剖面图

　　暂不考虑西侧地基因素，从实测结果看，底板实测变形仍近似平底锅（放水前中心变形平均值：90.4mm，距中心 17.75m 四点沉降平均值：77.9mm，距中心 33.35m 四点沉降平均值：80.9mm，差值分别为 12.5mm、9.5mm），尤其是北南向最高水位变形向线，非常明显。但由于变形点数量较少，暂无法推测平底的边缘位置。充水过程中，两个方向底板实测相对（充水前）变形见图 6-16。充水过程中，T-1 罐与 T-2 罐不同区域底板变形实测对比见表 6-10。

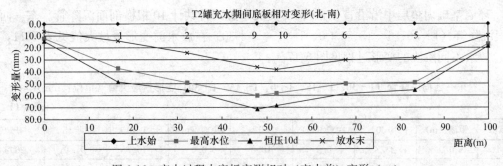

图 6-16　充水过程中底板实测相对（充水前）变形（一）

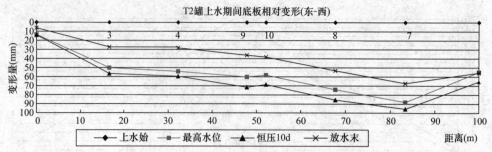

图 6-16　充水过程中底板实测相对（充水前）变形（二）

T-2 罐与 T-1 罐分区底板平均变形实测比较　　　　表 6-10

罐号	区域	上水始	最高水位	恒压 10d	放水结束	反弹量
T-1	中心点（R=2.15m）	23.8	65.4	69.7	41.3	28.4
	北、东、南（R=17.75m）	12.8	51.6	58.0	29.1	28.9
	北、东、南（R=33.35m）	13.8	50.9	57.7	28.5	29.2
	西（R=17.75m）	11.8	51.9	61.7	35.8	25.9
	西（R=33.35m）	14.8	58.9	69.7	39.8	29.9
T-2	中心点（R=2.15m）	21.3	80.5	91.4	58.6	32.8
	北、东、南（R=17.75m）	10.8	62.0	68.7	38.4	30.3
	北、东、南（R=33.35m）	16.1	61.6	69.7	39.4	30.3
	西（R=17.75m）	31.8	106.0	117.4	85.1	32.3
	西（R=33.35m）	6.8	95.0	102.4	74.1	28.3

从图 6-16 看，随充水加荷的进行，底板变形量基本是呈从边缘向中间增大的趋势，但增加量不大。西侧 7、8 号点相对变形量稍大，主要原因是该处桩表层存在 2 层土，地基较别处软弱所致。

表 6-10 的实测结果表明，在均匀区（北、东、南）地基条件相同，加荷量相同的情况下，底板变形测试结果 T-2 罐比 T-1 罐略大，在最高水位条件下，R=2.15m、R=17.75m、R=33.35m 点分别差 20.7mm、10.7mm、12.0mm，分析原因为：T-2 罐为素土起坡，素土层厚度较 T-1 罐由边缘向中间增厚 0～75cm。表 5.10 的实测结果较为明显地反映了 T-1 罐与 T-2 罐不同区域地基的地质条件差异，实测结果与工勘资料、地基处理、复合地基检验情况非常吻合。

6.1.5　T-2 罐环墙基础（内部土体）锥面变形测试

环墙基础内垫层中沿沿直径方向 90°交叉布置两排共计 10 根横剖面沉降管。东—西向 5 根沉降管（1−30、1−15、1＋0、1＋15、1＋30）在放水前变形量最大值见表 6-11，在充、放水不同阶段的变形过程见图 6-17。

东—西向沉降管（1−30、1−15、1＋0、1＋15、1＋30）变形量最大值（单位：mm）　　　　表 6-11

点号	距离（m）	1-30	距离（m）	1-15	距离（m）	1+0	1+15	1+30
1	0.0	23.3	0.0	15.8	0.0	16.7	21.1	26.2
2	2.0	42.1	2.0	26.4	2.0	30.5	38.4	41.4

续表

点号	距离（m）	1-30	距离（m）	1-15	距离（m）	1+0	1+15	1+30
3	6.0	43.1	6.0	33.1	4.0	32.8	39.5	38.7
4	10.0	37.9	10.0	35.7	6.0	30.9	35.8	38.3
5	14.0	45.4	14.0	39.7	8.0	32.6	38	42.3
6	18.0	40.4	18.0	36.2	10.0	40.5	38.6	40.3
7	22.0	48.2	22.0	38.7	12.0	40.1	37.5	46
8	26.0	46.1	26.0	40.6	14.0	40.3	37.9	41.3
9	30.0	43.7	30.0	37.6	16.0	38.1	39.3	45.5
10	34.0	44.1	34.0	40.3	18.0	44.3	39.8	44.9
11	38.0	47.9	38.0	41.1	20.0	43.8	37.8	47.7
12	42.0	44.7	42.0	40.2	22.0	43.6	51.1	44.7
13	46.0	49.3	46.0	39.8	24.0	43.8	39.8	40.6
14	50.0	50.8	50.0	45.7	26.0	43.2	44.5	51.1
15	54.0	57.8	54.0	45.2	28.0	41.3	50	44.1
16	58.0	63.9	58.0	48.1	30.0	44.4	51.5	53
17	62.0	70.8	62.0	55.3	32.0	40.5	53	57.7
18	66.0	80.2	66.0	57.5	34.0	45.9	54.9	59.2
19	70.0	86.8	70.0	63.2	36.0	42.6	63.2	77.5
20	74.0	83.7	74.0	68	38.0	41.3	63.8	77
21	78.0	65	78.0	83.5	40.0	42.6	72.1	72.4
22	80.0	55.7	82.0	86	42.0	41.2	72	58.2
23			86.0	92.3	44.0	38.2	91.1	
24			90.0	94.9	46.0	42.9	93.9	
25			94.0	76.2	48.0	46	81.7	
26			96.0	61.2	50.0	46.9	64.5	
27					52.0	47.3		
28					54.0	48.2		
29					56.0	48.4		
30					58.0	51		
31					60.0	58		
32					62.0	59.6		
33					64.0	63.4		
34					66.0	62.7		
35					68.0	69.5		
36					70.0	70		
37					72.0	76.4		
38					74.0	74.2		
39					76.0	77.9		
40					78.0	82.4		
41					80.0	83.9		
42					82.0	85.1		
43					84.0	88.3		
44					86.0	93.2		
45					88.0	101.7		
46					90.0	101.2		
47					92.0	103.3		
48					94.0	93.8		
49					96.0	91.3		
50					98.0	82.2		
51					100.0	67.8		

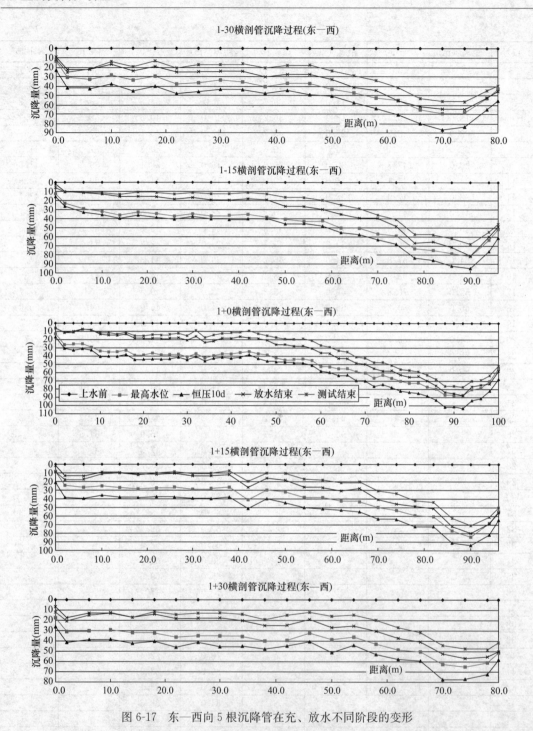

图 6-17 东—西向 5 根沉降管在充、放水不同阶段的变形

　　根据不同阶段的横剖面沉降变形图，随充水加荷的进行，基础内部土体变形量增加，罐体西侧由于地基条件稍差，变形量增加明显，各点变形量在最高水位恒压 10d 过程中达到峰值，泄水后反弹，环墙基础内反弹线与最高水位恒压 10d 的沉降线大致平行，说明各点反弹量相差不大。从实测结果看，泄水结束时，环基内所有测点反弹量最小值为 15.1mm，最大值为 27.8mm，平均值 20.9mm。沉降管在东半部沉降量不大，沉降量：26.4～

47.9mm，除 1－15、1＋0 略呈自边缘向中间增大的趋势外，其他变形线在东半部接近平直，分析原因为，素土层中间厚、边缘薄，边缘沉降管的这种趋势不如中间的明显；西半部由中间向边缘（西部）呈增大趋势，1－15、1＋0、1＋15 局部出现沉降量超过 90mm 测点，均集中出现于距环墙 4～14m 范围内，0～4m 由于受环墙对沉降的调整未出现较大的沉降量，测点中最大沉降量出现在 1＋0，距西侧环墙 8～12m 处，沉降量：101.7～103.3mm。5 条变形线比较平滑，说明垫层的压密情况均匀，1-30、1＋15、1＋30 的东侧靠近环墙 2m 处，出现变形稍大点，主要原因为靠近环墙处大型碾压机械难以靠近，压密程度稍差所致。1＋15 管 38～46m 也出现类似情况。

北—南向 5 根沉降管（0－30、0－15、0＋0、0＋15、0＋30）在放水前变形最大值见表 6.12，在充、放水不同阶段的变形过程见图 6-18。

北—南向沉降管（0－30、0－15、0＋0、0＋15、0＋30）变形量最大值（单位：mm）　　表 6-12

点号	距离（m）	0-30	距离（m）	0-15	距离（m）	0+0	0+15	0+30
1	0.0	36.6	0.0	29.9	0.0	16	10	14.8
2	2.0	49.9	2.0	39.9	2.0	28.5	50	32.9
3	6.0	57.8	6.0	47.4	4.0	36.7	40.4	35.9
4	10.0	65.1	10.0	54.2	6.0	38	36.1	39.4
5	14.0	65.9	14.0	52.8	8.0	43	35.2	41.4
6	18.0	68.1	18.0	57.7	10.0	42.5	40	40.3
7	22.0	72.9	22.0	53.6	12.0	44	42.7	44.5
8	26.0	76.8	26.0	51.7	14.0	39.6	40.3	40
9	30.0	81.3	30.0	59.0	16.0	41.1	46	39.2
10	34.0	83.9	34.0	63.1	18.0	43.1	38.1	40.8
11	38.0	92.4	38.0	68.3	20.0	47	43.3	42.8
12	42.0	96.2	42.0	72.1	22.0	42.3	41.6	48.9
13	46.0	93.1	46.0	73.4	24.0	44.6	45	48.9
14	50.0	87.5	50.0	76.3	26.0	44.1	46.5	44
15	54.0	82.0	54.0	71.8	28.0	49.9	44.4	40.8
16	58.0	79.5	58.0	70.1	30.0	44.6	44.7	38.3
17	62.0	81.6	62.0	61.1	32.0	48.3	45.6	39.9
18	66.0	81.6	66.0	58.4	34.0	49.3	39.1	47.8
19	70.0	83.8	70.0	56.5	36.0	48.4	38.9	41.7
20	74.0	74.5	74.0	58.4	38.0	53.7	38.9	42.3
21	78.0	48.5	78.0	66.2	40.0	54.6	43.6	34.4
22	80.0	39.9	82.0	63.2	42.0	53.5	44.2	27.6
23			86.0	68.1	44.0	54.8	45	14.8
24			90.0	57.5	46.0	53	49.6	
25			94.0	43.2	48.0	55	39.5	
26			96.0	28.3	50.0	50.8	18.1	
27					52.0	46.6		
28					54.0	46.1		
29					56.0	49.2		

续表

点号	距离（m）	0-30	距离（m）	0-15	距离（m）	0+0	0+15	0+30
30					58.0	47.7		
31					60.0	46.3		
32					62.0	43.9		
33					64.0	53.1		
34					66.0	46.2		
35					68.0	45.9		
36					70.0	44.9		
37					72.0	45.8		
38					74.0	42.1		
39					76.0	43.2		
40					78.0	41.2		
41					80.0	43.7		
42					82.0	47.7		
43					84.0	46.4		
44					86.0	47.2		
45					88.0	43.8		
46					90.0	55.1		
47					92.0	55.5		
48					94.0	46.7		
49					96.0	38.1		
50					98.0	31.6		
51					100.0	19.2		

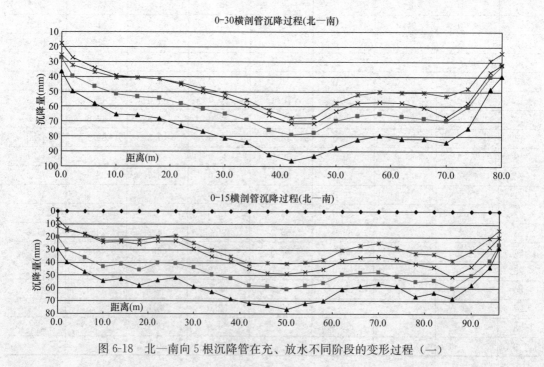

图 6-18 北—南向 5 根沉降管在充、放水不同阶段的变形过程（一）

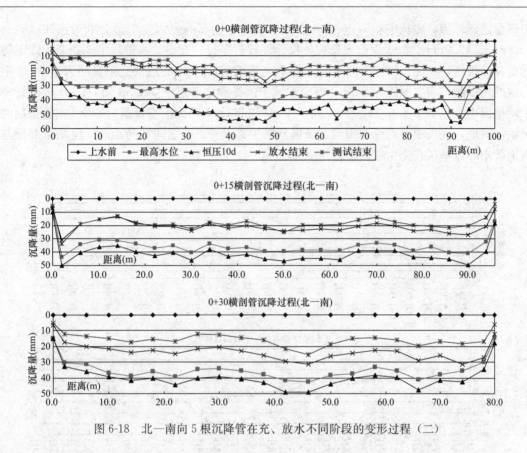

图 6-18　北—南向 5 根沉降管在充、放水不同阶段的变形过程（二）

根据不同阶段的横剖面沉降变形图，随充水加荷的进行，基础内部土体变形量增加，罐体西侧由于地基条件稍差，北—南向 0－30、0－15 中间变形量增加明显，东半侧北—南向 0＋0、0＋15、0＋30 环基内各点变形量基本一致，变形线平直。土体变形在最高水位恒压 10d 过程中达到峰值，泄水后反弹，环墙基础内反弹线与最高水位恒压 10d 的沉降线大致平行，说明各点反弹量相差不大。从实测结果看，泄水结束时，环基内所有测点反弹量最小值为 15.7mm，最大值为 32.1mm，平均值为 21.0mm。

沉降管在东半部沉降量不大，沉降量：26.7～55.5mm，南北向 5 根沉降管（0－30、0－15、0＋0、0＋15、0＋30）沉降管整体沉降量自东向西逐渐增加，沉降趋势与东西向观测结果吻合。只有 0-30 局部出现沉降量超过 90mm 测点，出现于 34～42m 即罐体东西中间线向北 2m、向南 6m 范围内。

T-2 罐环墙基础内地基土锥面变形测试结果与环墙观测结果、底板的变形测试结果呈现很好的一致性，与罐基的工程地质条件比较吻合。反映了 T-2 罐罐基工程地质条件在东西方向的差异。除去地质差异影响，环墙基础内部土体变形也为平底锅的形状，锅边缘在距环墙约 $R/5$ 处，且地质条件越好，边缘距离环墙越近。

0＋15 北侧靠近环墙处 2m 处，0＋0 南侧 88～94m 处出现变形稍大点，主要原因为该处压密程度稍差所致。

底板中心测点、1＋0、0＋0 中心测点随充水加荷的变化过程见图 6-19。随充水加荷进行，中心点 3 条变形线的变形量逐渐增加，加荷期坡度稍陡、恒压期趋向平缓，放水前

71

变形量达到峰值，底板中心测点、0+0、1+0 中心测点的最大变形量分别为：70.1mm、50.8mm、46.9mm。泄水后出现反弹，反弹线接近平行。充、放水过程中 3 条变形线走势的重合性很好，1+0、0+0 中心点变形线接近重合，0+0 中心点的变形量略大于 1+0 中心点的变形量，主要原因为：0+0 横剖管埋于罐锥面中心点下 1.25m 处，1+0 横剖管埋于罐锥面中心点下 1.45m 处，0+0 高于 1+0 约 20cm，略大的变形量为 20cm 素土垫层的压缩，同理，底板中心点变形线与 2 条横剖管中心点变形线之间竖向距离，反映了底板与横剖管中心点垫层在充水加荷下的压缩量。

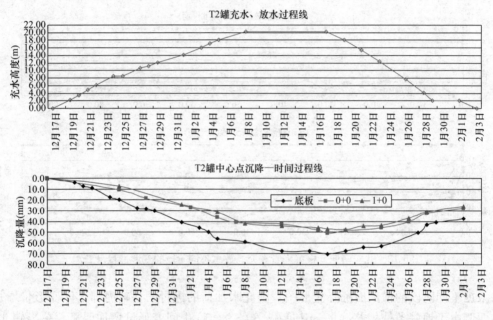

图 6-19　底板中心测点、1+0、0+0 中心测点随充水加荷的变化过程

从理论上讲，每级荷载下底板任一点的变形，应是横剖管中对应点的变形加底板与横剖管之间垫层的压缩量之和。泄水反弹后底板的反弹量减去横剖管中对应点的反弹量、再减去两者之间被压缩垫层的反弹量，其差值为泄水后底板与沥青砂之间的空隙。

充水期间 1+0 横剖管与东—西向底板变形的实测变形量、反弹量对比见图 6-20，0+0 横剖管与北—南向底板变形的实测变形量、反弹量对比见图 6-21。

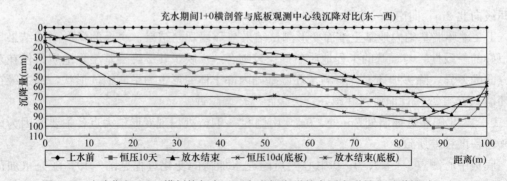

图 6-20　充水期间 1+0 横剖管与东—西向底板变形的实测变形量、反弹量对比（一）

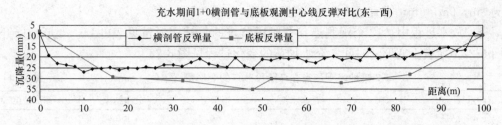

图 6-20 充水期间 1+0 横剖管与东—西向底板变形的实测变形量、反弹量对比（二）

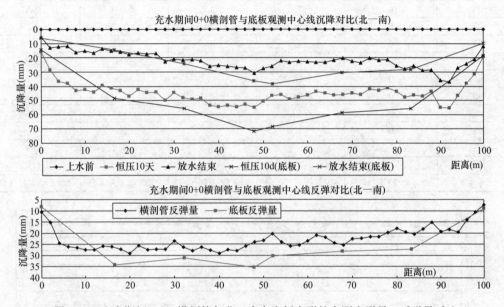

图 6-21 充水期间 0+0 横剖管与北—南向底板变形的实测变形量、反弹量对比

根据横剖管与底板实测变形量对比图，底板变形与横剖变形实测结果吻合，根据理论分析，底板边缘点座于环墙上，横剖沉降管边缘点位于环基中，两者受到环墙的固定，变形量应完全相同，从实测结果看，根据横剖面沉降测试的边缘点变形量与底板实测边缘点变形量几乎相同，最大差值为 2.4mm。

但此次底板变形点数量较少，未能很好地将靠近环墙边缘的底板变形反映出来，导致边缘处底板与横剖变形对比失真，出现大幅交叉。

反弹量对比中，底板与横剖管反弹线之间的竖向距离为二者反弹差，反弹差再减去中间垫层的反弹量，就是放水结束时底板与沥青砂垫层之间的空隙，根据横剖管的沉降量与反弹量，对垫层的反弹量进行推算，则放水结束时底板与沥青砂垫层之间的空隙推算值见表 6-13。最大值出现于 7 号点为 8.1mm。

放水结束时底板与沥青砂垫层之间的空隙量推算值　　　　　　　　表 6-13

底板变形点号	①	②	③	④	⑤	⑥	⑦	⑧	⑨	⑩
空隙量（mm）	3.5	0.9	0.0	0.0	2.6	0.0	8.1	6.2	0.0	0.0

6.1.6 T-2 罐地表土竖向位移观测

T-2 罐地表土竖向位移观测点共布置 12 个。布置在储罐环墙外侧，距离储罐环墙间距为 3m，6m，9m，沿直径方向 90°交叉布置。

充、放水过程中，12 个观测点在各阶段节点的累计变形量见表 6-14，变形量展开图见图 6-22。地表土变形随时间、充水加荷的变化过程见图 6-23。

T-2 罐地表观测点在各阶段节点的变形量（单位：mm）　　　　　表 6-14

沉降点号	上水前	最高水位	恒压 10d	放水结束	测试结束
EW1	0	0.2	−0.2	1.5	3.0
EW2	0	−2.5	−2.9	−1.1	−0.3
EW3	0	−3.3	−4.0	−0.4	0.8
EW4	0	−22.8	−28.5	−22.5	−20.6
EW5	0	−7.6	−10.7	−6.7	−4.8
EW6	0	0.1	−0.9	0.9	2.8
NS1	0	0.5	−0.4	0.8	1.6
NS2	0	−2.2	−2.9	−0.4	1.3
NS3	0	−3.2	−4.3	−0.3	1.0
NS4	0	−4.5	−5.8	−0.3	2.0
NS5	0	−3.1	−4.6	−1.1	0.9
NS6	0	−0.8	−2.0	0.3	1.9
备注	2004 年 12 月 17 日	2005 年 1 月 8 日	2005 年 1 月 17 日	2005 年 2 月 4 日	2005 年 3 月 3 日

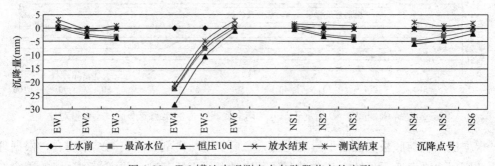

图 6-22　T-2 罐地表观测点在各阶段节点的变形

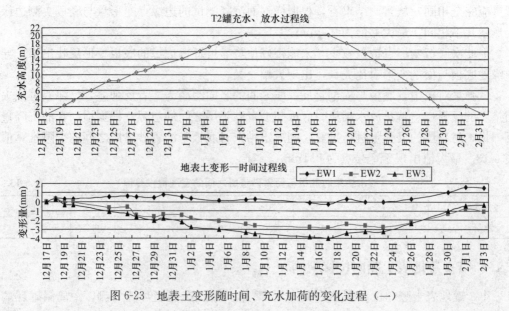

图 6-23　地表土变形随时间、充水加荷的变化过程（一）

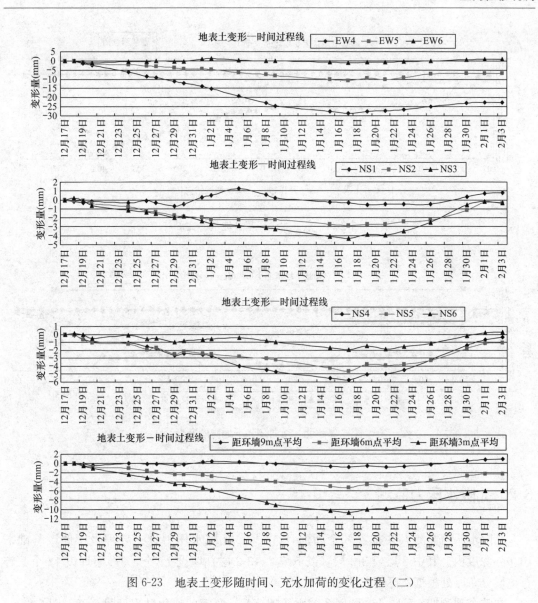

图 6-23　地表土变形随时间、充水加荷的变化过程（二）

西侧受地基条件的影响，沉降量明显大于其他 3 侧。过程线沉降坡度在达到最高水位前较陡，恒压期坡度变缓，在放水前，8 条线的沉降量达到峰值，泄水均出现反弹，除西侧 EW4、EW5 两点尚残余部分沉降量外，其余 3 侧各点沉降量全部反弹。

在整个充水过程中，地表土的观测结果与对应侧环墙沉降观测结果完全吻合。观测点的沉降量最大值为 28.5mm，点号 EW4，位于罐西侧距环墙 3m 处，从整个观测结果看，地表土的沉降影响范围在环墙 9m 范围之内。

环基内碎石垫层的厚度为 1.3m，在充水过程中，其压缩量不大，在忽略碎石垫层本身压缩的情况下，环基下地基的变形情况见图 6-24、图 6-25。

根据图 6-24、图 6-25，地表土与对应侧环基的沉降连线非常顺滑，说明二者观测结果吻合。在不考虑场区西侧地基因素的情况下，地基土变形类似平底锅形状。

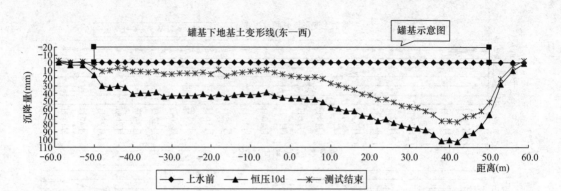

图 6-24　东—西向环基下地基的变形

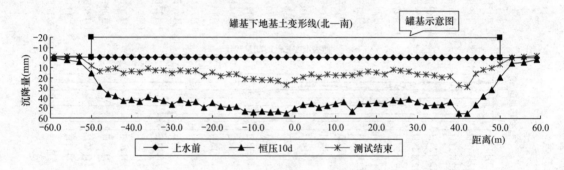

图 6-25　北—南向环基下地基的变形

6.2　孔隙水压力监测

孔隙水压力监测点共布置 8 个断面计 43 只，孔隙水压力计主要埋设于储罐基础下 10.0m 深度内。其中 2 层或 3-2 层（以下统 2～3-2 层）埋设 17 个，3-3 层埋设 17 个，碎石垫层分布厚处根据实际情况均布 9 个。

在整个观测期，K1～K8 断面孔隙水压随荷载、时间的变化过程见图 6-26～图 6-28。

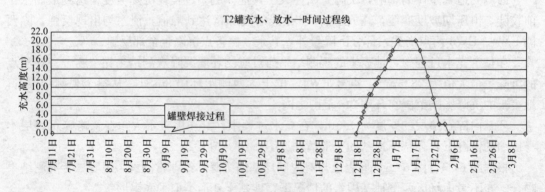

图 6-26　孔隙水压力随荷载、时间的变化过程（K1～K2 断面）（一）

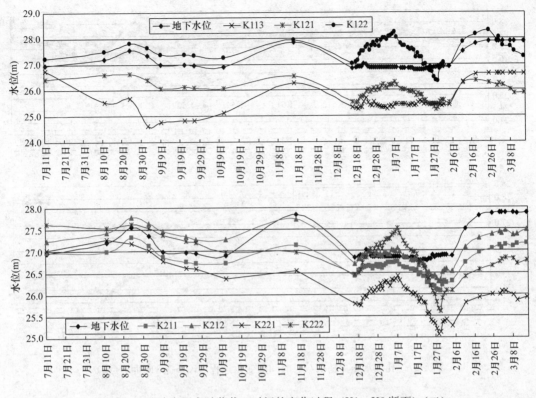

图 6-26 孔隙水压力随荷载、时间的变化过程（K1～K2 断面）（二）

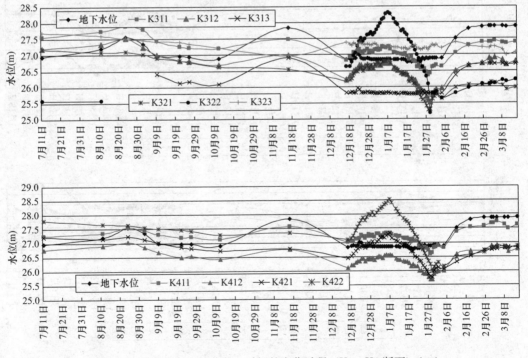

图 6-27 孔隙水压力随荷载、时间的变化过程（K3～K6 断面）（一）

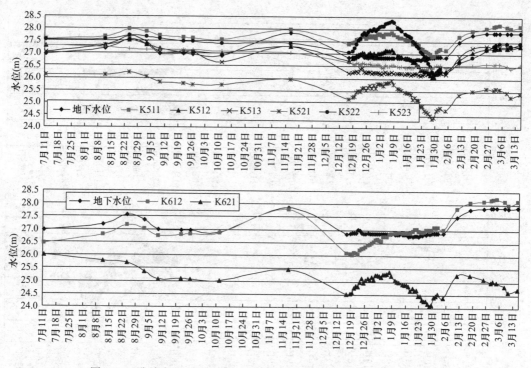

图 6-27 孔隙水压力随荷载、时间的变化过程（K3～K6 断面）（二）

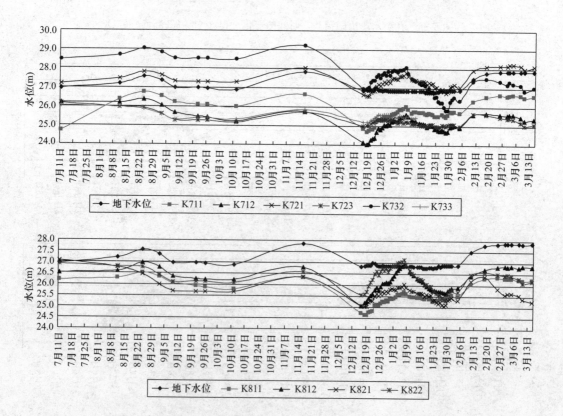

图 6-28 孔隙水压力随荷载、时间的变化过程（K7～K8 断面）

　　整体观测过程表明，在罐体施工期各测点孔隙水压力的变化趋势与地下水位的变化相对应，罐体施工期间因荷载较小，没有产生超静孔隙水压力，这与施工期罐体沉降观测结果一致，随着充水加荷进行，埋设于2～3-1层、3-3层中的孔压计产生超静孔隙水压力，但其值不大，且消散速度较快，在泄水过程中，受泄水减荷影响，5～8d超静孔压全部消散，随着泄水的继续进行，超静孔压出现负值，泄水停止，超静孔压逐渐向零点恢复，充水试压结束后，不同测点分别在1～4d恢复至零点。其后继续与地下水位的变化保持一致，并反映地下水位的变化情况。

　　碎石垫层中的孔隙水压力计由于孔隙水泄路畅通，均未产生超静孔隙水压力，在整个观测期，其变化过程与地下水位的变化同步。部分碎石垫层中的孔隙水压力计埋设位置在地下水位以上，受外界因素影响，其过程线大体反映地下水位的变化，但变化趋势与地下水位的变化保持一致。

　　充水试压过程中，K1～K8断面超静孔隙水压随荷载、时间的变化过程见图6-29～图6-31。

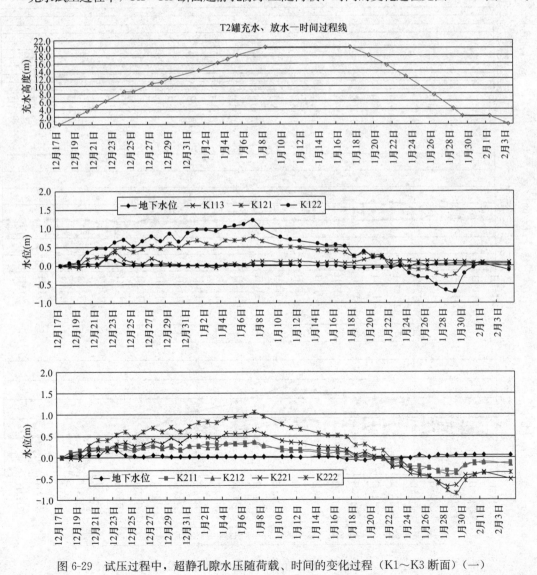

图6-29　试压过程中，超静孔隙水压随荷载、时间的变化过程（K1～K3断面）（一）

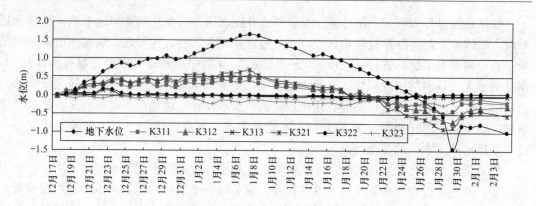

图 6-29 试压过程中，超静孔隙水压随荷载、时间的变化过程（K1～K3 断面）（二）

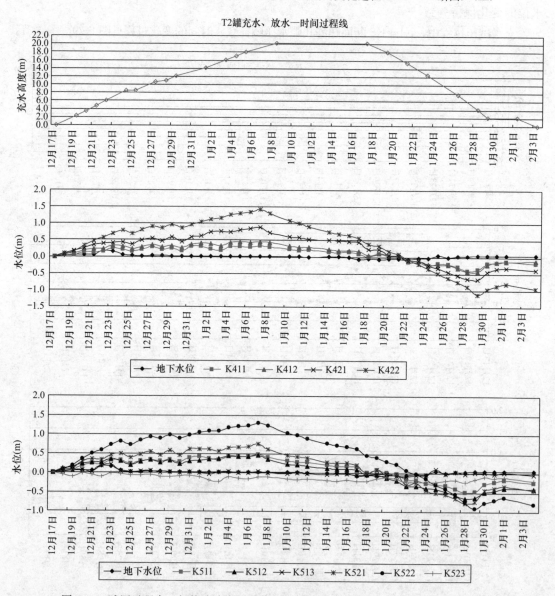

图 6-30 试压过程中，超静孔隙水压随荷载、时间的变化过程（K4～K6 断面）（一）

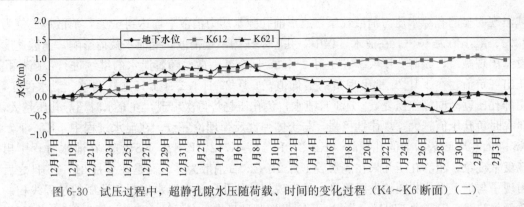

图 6-30 试压过程中，超静孔隙水压随荷载、时间的变化过程（K4~K6 断面）（二）

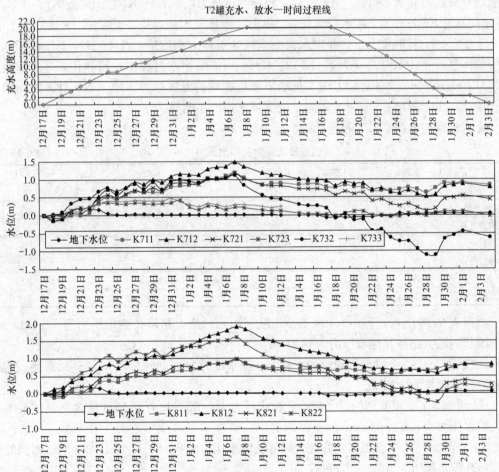

图 6-31 试压过程中，超静孔隙水压随荷载、时间的变化过程（K7~K8 断面）

整体观测过程表明，孔隙水压力随充水荷载的增加而逐渐上升，荷载停止，孔隙水压力就消散，规律性很明显，在 12 月 24 日~25 日停载 1d，12 月 27 日、12 月 29 日上水速率明显变小的情况下，孔隙水压力都出现了明显的消散，说明其消散速度较快，根据测点所在土层的室内渗透系数：$K_h = 2.16 \times 10^{-7} \sim 3.90 \times 10^{-6}$ cm/s，$K_v = 2.17 \times 10^{-7} \sim 3.70 \times 10^{-6}$ cm/s，属于微透水性土层，这说明碎石桩地基处理缩短了孔隙水的渗透路径，改善了地基土的排水固结条件。超静孔隙水压力在充水高度达到最高水位时相应达到其峰值，停载出现明显的孔隙水压力消散现象，放水前孔隙水压力消散平均达到 63%，消散最大值为 83%、最小值为 40%。在泄水过程中，孔隙水压力继续消散，受泄水减荷影响，消散速度没有出现减缓，超静孔压大多在 1 月 21～25 日全部消散，随着泄水的继续进行，超静孔压出现负值，在 1 月 29 日出现负的最低值，1 月 29 日～2 月 1 日立柱调整、泄水停止，超静孔压逐渐向零点恢复，2 月 1 日泄水，负孔压趋势再次出现，在充水时超静孔压越大，泄水时负孔压值越大，规律性极强，与土体弹性反弹理论一致。在泄水过程中，K6、K7、K8 断面在环墙基础下的孔压计（K612、K711、K712、K811、K812），在泄水过程中出现反常现象，超静孔压并未在泄水后 1 月 21～25 日消散为零，而是在 1 月 21～25 日之后出现了与地下水位相同的发展趋势。虽出现与其他孔压计在泄水出现负孔压的过程线相一致的趋势线，但非常不明显。分析原因：根据测试日志，在 K8～K7 之间靠近 K7、在 K7～K6 之间靠近 K6 各有 1 个降水井（井 7、井 6），罐体充水前，井 7 于 12 月 16 日抽至无水，井 6 于 12 月 17 日抽至无水，井内水位完全恢复至地下水位是 1 月 17 日，正是由于地下水位的恢复，才使 K612、K711、K712、K811、K812 泄水过程中，超静孔压并未出现零点，且在 1 月 21～25 日之后出现了与地下水位相同的发展趋势。K6、K7、K8 断面的其他孔压计，由于距离井 7、井 6 较远，受其降水影响不明显。

充水过程中各测点最大超静孔隙水压力见表 6-15。

各测点最大超静孔隙水压力（m）　　　　　　　　　　　　　　　表 6-15

测点号	K121	K122	K211	K212	K221	K222	K311
超静孔压	0.78	1.21	0.32	0.36	0.64	1.07	0.42
测点号	K312	K321	K322	K411	K412	K421	K422
超静孔压	0.55	0.69	1.67	0.33	0.45	0.88	1.42
测点号	K511	K512	K521	K522	K612	K621	K711
超静孔压	0.47	0.46	0.75	1.30	0.75	0.87	1.19
测点号	K712	K721	K732	K811	K812	K821	K822
超静孔压	1.48	1.17	1.12	0.96	1.90	0.98	1.61

根据表 6.15 上水过程中 K1 断面 3-2 层观测到的最大超静孔隙水压力为 1.21m，3-3 层观测到的最大超静孔隙水压力为 0.78m；

K2 断面 3-1～3-2 层观测到的最大超静孔隙水压力为 0.36～1.07m，3-3 层观测到的最大超静孔隙水压力为 0.32～0.64m；

K3 断面 3-1 层观测到的最大超静孔隙水压力为 0.55～1.67m，3-3 层观测到的最大超静孔隙水压力为 0.42～0.69m；

K4 断面 3-1～3-2 层观测到的最大超静孔隙水压力为 0.45～1.42m，3-3 层观测到的最大超静孔隙水压力为 0.33～0.88m；

K5 断面 3-1～3-2 层观测到的最大超静孔隙水压力为 0.46～1.3m，3-3 层观测到的最大超静孔隙水压力为 0.47～0.75m；

K6 断面 3-1～3-2 层观测到的最大超静孔隙水压力为 0.75m，3-3 层观测到的最大超静孔隙水压力为 0.87m；

K7 断面 2-1～3-1 层观测到的最大超静孔隙水压力为 1.12～1.48m，3-3 层观测到的最大超静孔隙水压力为 1.17～1.19m；

K8 断面 2-1～3-1 层观测到的最大超静孔隙水压力为 1.61～1.9m，3-3 层观测到的最大超静孔隙水压力为 0.96～0.98m。

上水过程中 2-1～3-2 层观测到的最大超静孔隙水压力为 0.36～1.9m，3-3 层观测到的超静孔隙水压力为最大 0.32～1.19m。

实测结果表明上部土层 2-1～3-2 层观测到的最大超静孔隙水压力大于下部 3-3 层观测到的超静孔隙水压力，由于碎石垫层没有产生超静孔隙水压力，超静孔隙水压力在深度上呈中间大两头小的形状。

各测点于最高水位、放水前两个阶段超静孔隙水压力在纵向（深度上）的分布见图 6-32、图 6-33。

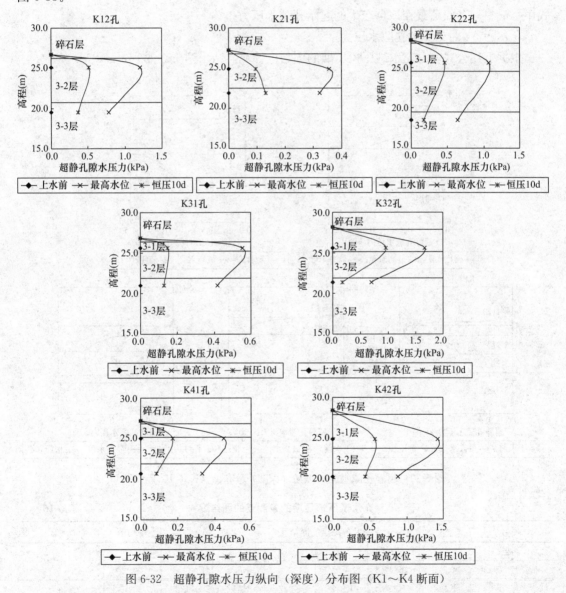

图 6-32 超静孔隙水压力纵向（深度）分布图（K1～K4 断面）

从不同测点在纵相的分布曲线来看：超静孔隙水压力沿深度的分布是不均匀的，土层的中部较大两头较小，其形状同按上下有排水边界的一维固结理论解，绘成的孔隙水压力分布曲线很相似，在碎石垫层里的测点 Kxx3 基本是不变化的（数值接近零），Kxx2（2～

3-2层）测点的值大于 Kxx1 测点（3-3层），完全符合理论上超静孔压沿深度的分布规律，这表明振冲碎石桩改变了地基土排水固结的边界条件。

在同一断面与罐中心距离不同的测孔中，$R/2$ 处的超静孔压明显大于 R 处的超静孔压，与环基下基底附加应力的理论分布吻合；K7 与 K8 断面，因埋设于罐区西侧，$R/2$ 处与 R 处的最大超静孔压非常接近，除受井内水位回升的影响外，与该侧地基条件稍差关系较大，超静孔压的测试结果与基底变形的观测结果吻合。

各测点在 t 时刻的固结度可按下式计算：

$$U_t = 1 - u_t / u_。$$

式中　$u_。$——各级荷载在该点产生的起始孔隙水压力；

　　　u_t——t 时刻实测孔隙水压力。

根据上述公式，对充水试压恒压期的固结度计算，结果列于表6-16。

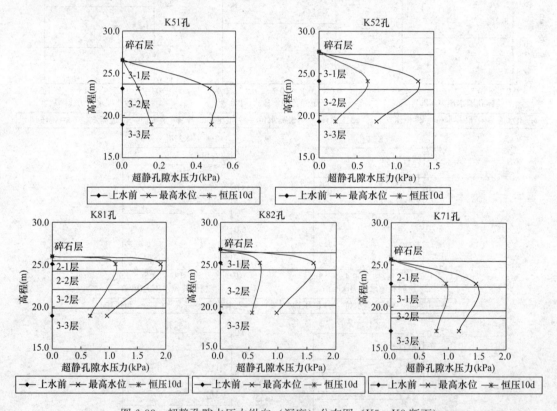

图6-33　超静孔隙水压力纵向（深度）分布图（K5、K8断面）

充水试压恒压期的各测点的固结度　　　　　　　　　　　　　　　　表 6-16

项目	各测点的固结度						平均值	测点所在土层
测点	K712	K812					0.39	②-1层
固结度（%）	0.35	0.42						
测点	K122	K222	K312	K322	K412	K422	0.61	③-1层
固结度（%）	0.58	0.56	0.74	0.42	0.62	0.60		
测点	K511	K522	K732	K822				
固结度（%）	0.68	0.51	0.83	0.58				

项目	各测点的固结度					平均值	测点所在土层
测点	K212	K512				0.78	③-2层
固结度（%）	0.73	0.82					
测点	K121	K211	K221	K311	K321	0.61	③-3层
固结度（%）	0.53	0.59	0.74	0.70	0.75		
测点	K411	K421	K521	K621	K721	K821	
固结度（%）	0.74	0.50	0.72	0.64	0.40	0.43	

实际上，由于场区孔隙水压力消散速度较快，起始孔隙水压力已有一定程度的消散，表中计算值较实际小，②-1层测点因受井内水位回升影响，计算固结度较实际值小很多，计算值仅作为定性描述依据。

荷载增量与各测点孔隙水压力增量的关系见图 6-34、图 6-35。

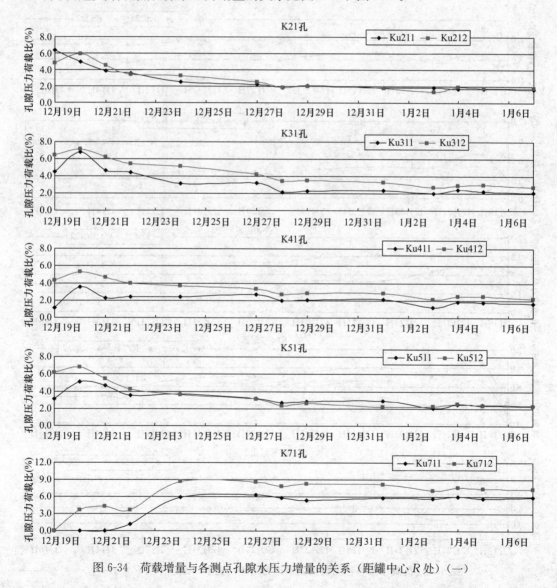

图 6-34　荷载增量与各测点孔隙水压力增量的关系（距罐中心 R 处）（一）

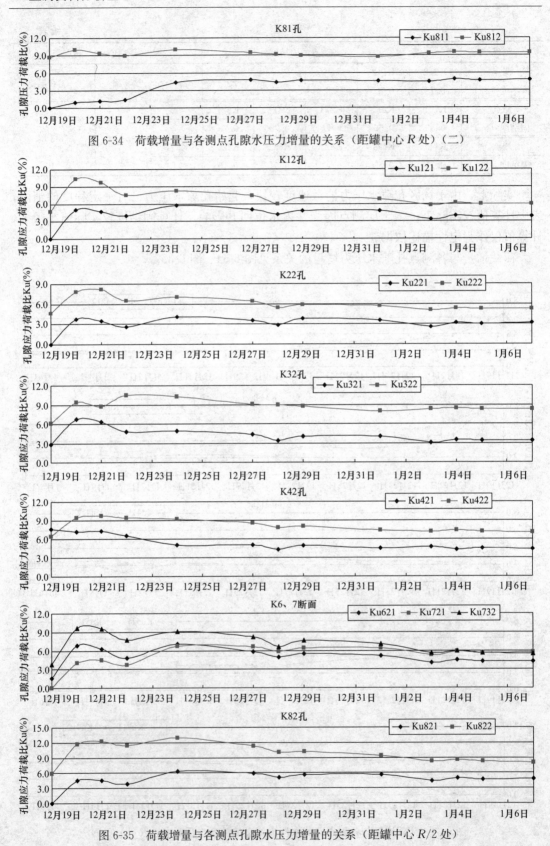

图 6-34　荷载增量与各测点孔隙水压力增量的关系（距罐中心 R 处）（二）

图 6-35　荷载增量与各测点孔隙水压力增量的关系（距罐中心 $R/2$ 处）

根据孔隙水压力系数的理论推导，孔隙水压力荷载比是应力系数和孔隙水压力系数的函数，它受很多因素影响，不同测点有不同的 Ku 值。当地基处于线弹性平衡状态时，$\Delta u \sim \Delta p$ 呈线性关系。

根据图 6-34、图 6-35，各测点 Ku 值在刚加荷的两三天，规律性不明显，随充水加荷的进行，$\Delta u \sim \Delta p$ 趋向水平线，即 Ku 趋向定值，说明 T-2 罐地基在充水试压条件下，处线弹性平衡状态。

距罐中心 R 处荷载增量与各测点孔隙水压力增量的关系中，除 K71、K81 孔 Ku 值明显大于其他测孔外，其余测孔 Ku 值较为接近。说明其地基条件与加荷条件接近，K71、K81 孔埋设与罐区西侧（传感器埋设北方向较建北逆时针偏 20.625°），Ku 值明显偏大原因有二：一是地质条件差异，二是受井内降水影响，距罐中心 R/2 处荷载增量与各测点孔隙水压力增量的关系中，Ku 值差别不大。

距罐中心 R 处 Ku 值：Ku（x11）最小值 2.0%，最大值 2.8%，平均值 2.4%；Ku（x12）最小值 2.2%，最大值 3.6%，平均值 2.9%。Ku（x12）略大于 Ku（x11）距罐中心 R/2 处 Ku 值：Ku（x21）最小值 3.2%，最大值 5.8%，平均值 4.2%；Ku（x12）最小值 5.8%，最大值 9.8%，平均值 7.8%。Ku（x22）略大于 Ku（x21）。

所有测点的 Ku 值均远小于 60%，说明充水试压过程中地基是稳定的。以上得出关于 $\Delta u / \Delta p$ 的规律很有实用价值。对于该地区的后建罐，在采取类似的地基处理方式时，可以按照设计荷重或者所引起的地基应力，利用上述经验数值事先估计地基中可能发生的超静孔隙水压力，进行有效应力作用的安全分析。

各测点最大超静孔隙水压力在水平面上的分布见图 6-36。

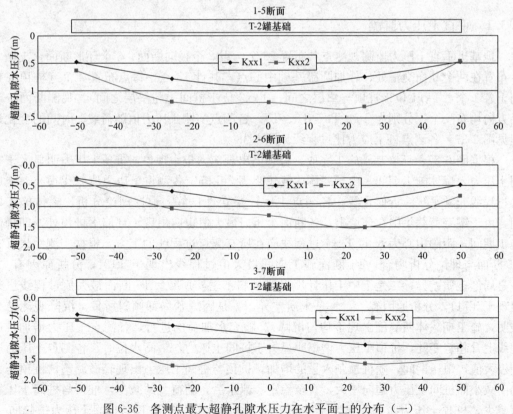

图 6-36　各测点最大超静孔隙水压力在水平面上的分布（一）

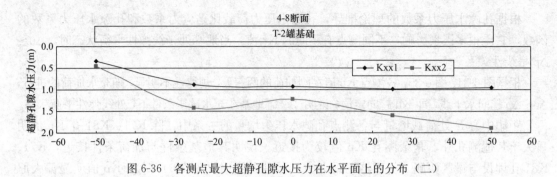

图 6-36　各测点最大超静孔隙水压力在水平面上的分布（二）

根据图 6-36，超静孔隙水压力 Kxx2（2～3-2 层）＞Kxx1（3-3 层），说明随土层深度增加，超静孔隙水压力降低。不考虑西侧地质差异与降水影响，水平向上：在深层 3-3 层中，$R/2$ 处产生的超静孔隙水压力大于 R 处产生的超静孔隙水压力，$R=0$ 处分布的超静孔隙水压力大于 $R/2$ 处的超静孔隙水压力，这与附加压力的理论分布相似；在浅层 2～3-2 层，$R/2$ 处产生的超静孔隙水压力大于 R 处产生的超静孔隙水压力，$R=0$ 处分布的超静孔隙水压力与 $R/2$ 处相差不大，其分布形状与地基变形形状相似。西侧因地质差异与降水影响，其值偏大。整个孔压观测结果表明，充水试压期间的排水固结过程主要发生于碎石桩处理深度范围内。

6.3　土压力监测

6.3.1　垂直土压力监测

地基土垂直土压力监测观测点共布置 26 个。设 2 个径向断面，3 个环形断面，土压力计布置在两个断面交汇处、外加圆罐基础中心点，共计 13 点，每点布置 2 个（桩顶与桩间土各 1 个，Txx1 位于桩顶与垫层之间，Txx2 位于桩间土与垫层之间）。观测断面按半径方向均布 4 个，分别为 T1、T3、T5、T7。各测点实测土压力值随荷载、时间的变化过程见图 6-37。各测点桩土应力比过程线见图 6-38。

根据图 6-37、环墙基础施工完成，桩顶已出现应力集中现象，桩顶土压力明显大于桩间土压力，罐体施工期间，由于罐体荷载较小为 50kPa，各测点土压力值变化很小，土压力过程线非常平缓、近似直线，各测点土压计稳定性良好。根据理论分析，罐体施工期间，由于罐壁荷载集中在环墙上，各断面土压力最大值也应出现于环墙下桩顶处，即罐体施工期间，距罐中心为 R 的 Txx1 过程线应在所有测点过程线的上方。根据实测结果 T3、T5 断面与理论分析吻合，T1 断面施工期间最大值过程线出现于 T121，分析原因有二：一是局部土质差异，二是土中土压计埋设时填料不密实所致。T7 断面最大值过程线也未出现于 T711，分析原因有二：一是土质差异，二是因罐基局部倾斜所致（沉降观测结果表明，施工期罐体西侧已出现不均匀沉降）。随充水加荷的进行，各测点土压力增加，过程线上升趋势变陡，桩顶土压力增幅明显大于桩间土压力，最高水位时，各测点土压力达到极大值，恒压期间，随桩顶刺入量的增加，桩顶与桩间土压力出现轻微调整，桩顶压力趋向减小而桩间土压力趋向增大，直至稳定。泄水后，随荷载的减少，桩顶与桩间土压力值减少，桩顶土压力减幅明显大于桩间土压力，泄水结束，桩顶与桩间土压力值趋向一

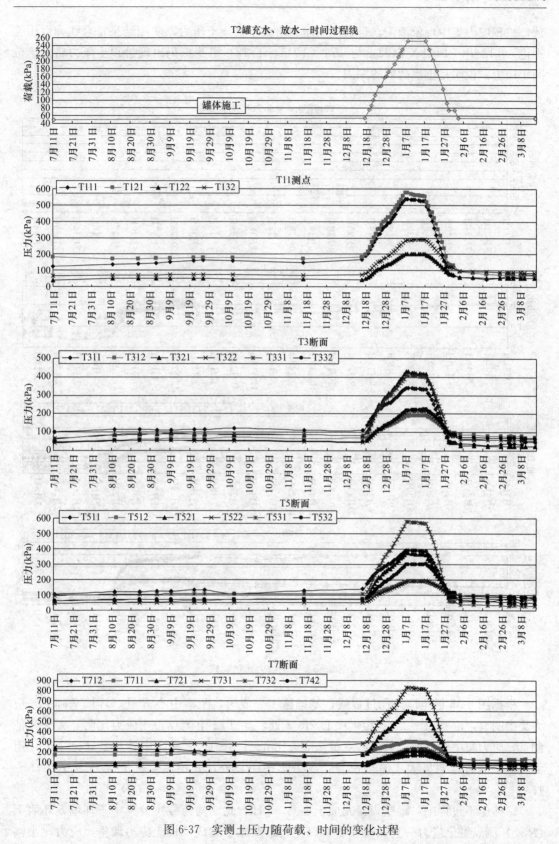

图 6-37 实测土压力随荷载、时间的变化过程

致，桩顶应力集中现象消失，且桩间土压力略大于桩顶土压力，实测结果符合线弹性压缩理论。T12组（T121、T122）与T71（T711、T712）组测点仍出现桩顶土压力略大于桩间土压力，说明是土质薄弱的原因。

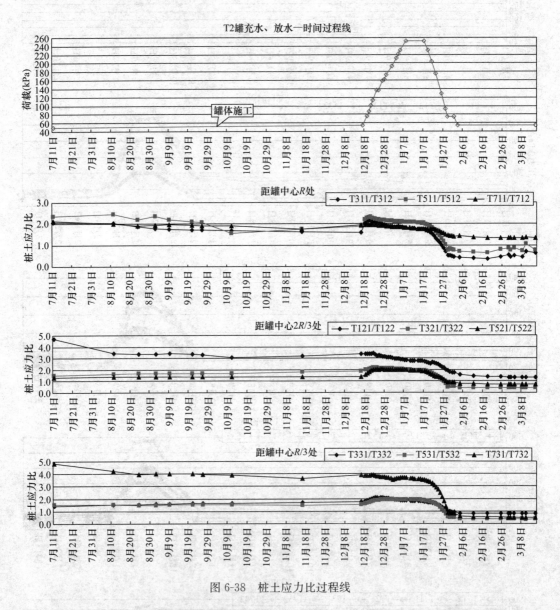

图 6-38　桩土应力比过程线

根据图6-38桩土应力比过程线，基础施工完成时，距罐中心R处（环墙基础下）应力集中明显，n＝2.1～2.3；距罐中心$2R/3$处，除T12组测点桩土应力比明显大于其他测点，应力集中明显外，其他测点桩土应力比n＝1.3～1.5；距罐中心$R/3$处，除T73组测点桩土应力比明显大于其他测点，应力集中明显外，其他测点桩土应力比n＝1.3～1.4。

罐体施工过程中，罐壁焊接完成于9月30日，此期间荷载主要集中于环墙，环墙下（R处）测点桩土应力一直保持在2.0以上，罐壁施工完成，桩应力调整，应力比小幅回落，其他处测点在 10 月 12 日、浮顶施工完成前桩土应力比都以极弱的幅度增加，10 月 12 日后各测点比桩土应力比基本不再变化。随罐体充水加荷进行，各测点桩土应力比仅在充水一两天小幅增加后，在整个上水过程基本保持不变，恒压期间桩土应力调整，应力比小幅回落，泄水后各测点桩土应力比回落明显，泄水结束除 T12 组、T71 组测点外其余测点桩土应力比均回落至 1.0 以下，这与碎石桩为散体材料桩有关，也说明充水试压复合地基处弹性压缩阶段。T12 组、T71 组泄水后桩土应力比大于 1.0 主要原因为地质条件差异。充水加荷过程中，各测点实测平均桩土应力比及其统计值见表 6-17。各测点在最高水位时，实测最大压力值及其统计值见表 6-18。

各测点实测平均桩土应力比及其统计值　　　　　　　　　　　　　表 6-17

位置		各测点实测桩土应力比平均值			最大值	最小值	平均值
距罐中心 R 处	测点	T311/T312	T511/T512	T711/T712	2.1	1.9	2.0
	应力比	1.9	2.1	1.9			
距罐中心 2 R/3 处	测点	T121/T122	T321/T322	T521/T522	3.0	1.9	2.3
	应力比	3.0	2.0	1.9			
距罐中心 R/3 处	测点	T331/T332	T531/T532	T731/T732	3.7	1.9	2.5
	应力比	1.9	1.9	3.7			

根据表 6-17，除 T12 组、T73 组测点应力比稍大外，其余测点应力比基本一致 1.9～2.1，T12 组测点分析原因为局部土质差异，T73 组测点分析原因有二：一是局部土质差异，二是罐基倾斜、压力集中所致。T71 组测点充水加荷期间由于有环墙的调整，其应力比与其他环墙下测点应力比保持一致。

充水加荷期间各测点应力比 1.9～3.7，比前期桩基检测实测桩土应力比 2.6～4.0 略低，在考虑压力传递方式（载荷板与罐基）、加荷速度影响的情况下，二者测试结果较为吻合。

各测点实测最大压力值及统计值（单位：kPa）　　　　　　　　　　表 6-18

位置		各测点实测最大土压力值						最大值	最小值	平均值
桩顶	测点	T111	T121	T311	T321	T331	T511	833.81	302.75	489.61
	压力	538.75	576.71	341.52	431.56	409.15	393.13			
	测点	T521	T531	T711	T721	T731				
	压力	377.23	579.83	302.75	601.29	833.81				
桩间土	测点	T122	T132	T312	T322	T332	T512	302.96	167.15	219.51
	压力	203.23	291.06	190.38	216.79	224.09	190.23			
	测点	T522	T532	T712	T732	T742				
	压力	194.66	302.96	167.15	231.42	202.69				

根据表 6-18，桩顶压力最大值出现于 T731 测点，主要原因为该处近似为罐基倾斜的支撑处、压力集中所致；桩顶与桩间土压力最小值均出现于 T71 组测点，与地基实际情况吻合。

由于罐基坑开挖时，各处开挖标高不一致，土压计的埋设高程存在差别，充水加荷过程中，根据各测点土压计的埋设高程差异，各测点实测反力与该测点理论基底压力过程线见图 6-39～图 6-42。

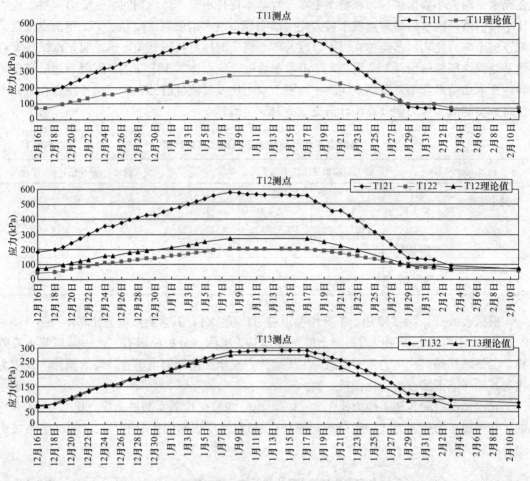

图 6-39　T1 断面各测点实测反力与理论基底压力过程线

泄水结束后，T11 组测点理论基底压力为 73.77kPa，T111 测点实测反力为 52.43kPa；

T12 组测点理论基底压力为 71.77kPa，T121 测点实测反力为 69.30kPa，T122 测点实测反力为 57.28kPa；

T13 组测点理论基底压力为 73.77kPa，T122 测点实测反力为 86.54kPa。

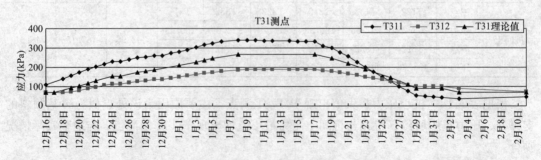

图 6-40　T3 断面各测点实测反力与理论基底压力过程线（一）

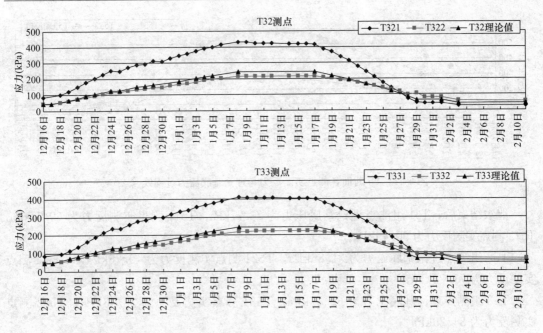

图 6-40 T3 断面各测点实测反力与理论基底压力过程线（二）

泄水结束后，T31 组测点理论基底压力为 69.77kPa，T311 测点实测反力为 46.43kPa，T312 测点实测反力为 74.25kPa；

T32 组测点理论基底压力为 44.26kPa，T321 测点实测反力为 27.26kPa，T322 测点实测反力为 56.81kPa；

T33 组测点理论基底压力为 48.06kPa，T331 测点实测反力为 55.82kPa，T332 测点实测反力为 66.63kPa。

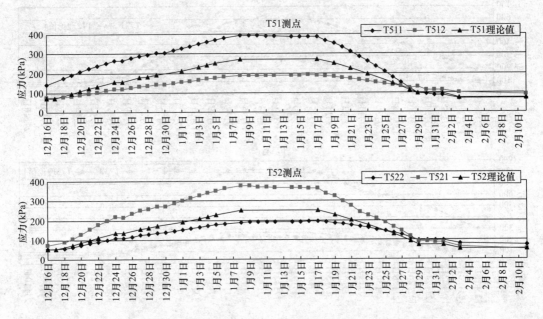

图 6-41 T5 断面各测点实测反力与理论基底压力过程线（一）

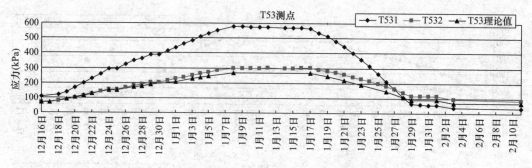

图 6-41　T5 断面各测点实测反力与理论基底压力过程线（二）

泄水结束后，T51 组测点理论基底压力为 73.77kPa，T511 测点实测反力为 69.97kPa，T512 测点实测反力为 90.49kPa；

T52 组测点理论基底压力为 51.86kPa，T521 测点实测反力为 49.76kPa，T3522 测点实测反力为 71.22kPa；

T53 组测点理论基底压力为 69.77kPa，T531 测点实测反力为 35.43kPa，T532 测点实测反力为 84.25kPa。

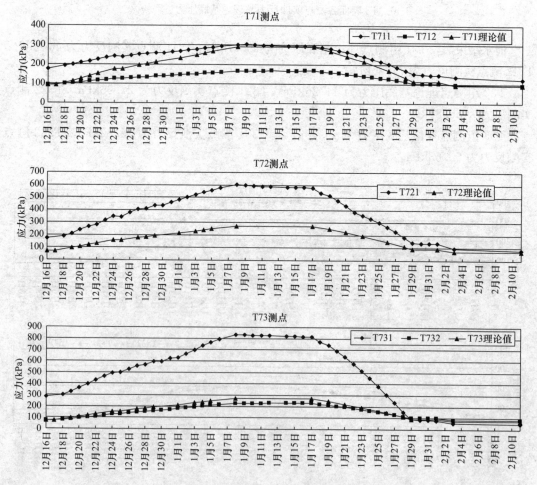

图 6-42　T7 断面各测点实测反力与理论基底压力过程线（一）

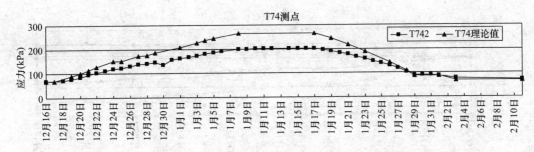

图 6-42　T7 断面各测点实测反力与理论基底压力过程线（二）

泄水结束后，T71 组测点理论基底压力为 91.77kPa，T711 测点实测反力为 123.73kPa，T712 测点实测反力为 93.27kPa；

T72 组测点理论基底压力为 73.77kPa，T721 测点实测反力为 79.31kPa；

T73 组测点理论基底压力为 71.77kPa，T731 测点实测反力为 50.95kPa，T732 测点实测反力为 85.26kPa；

T74 组测点理论基底压力为 67.77kPa，T742 测点实测反力为 72.31kPa。

根据图 6-39～图 6-42 各测点反力实测值与充水试压期间基底理论值表现出很好的相关性，尤其是恒压期、停载期间，过程线趋势的一致性尤其明显，从测试结果看，加荷过程中，桩间土反力与理论基底压力较为接近，其测值一般略低于理论基底压力，其差值随基底压力的增大而增大。泄水结束后，桩间土压力与桩顶土压力非常接近理论基底压力，且桩间土压力略大于理论基底压力、桩顶土压力略低于理论基底压力。实测结果与弹性压缩理论及碎石桩的散体性材料桩体的实际吻合。

测试结果中，T71 组测点中，随充水加荷的进行桩顶土压力与理论基底压力值接近，主要原因是该处土质弱，沉降量较别处大，同时环墙调整作用发挥的结果。

在充水加荷过程中，桩顶与桩间土应力不断调整，加荷瞬间，桩顶受力较大，随桩顶刺入垫层量的增加，桩顶受力减小，桩间土应力增加，直至相对沉降量稳定，其应力比趋向定值。这种现象在恒压期间尤其明显，恒压期间，桩顶与桩间土应力调整过程线见图 6-43。

根据图 6-43，恒压期间桩顶应力随时间发展逐渐降低，恒压结束，最大降值 22.54kPa，恒压期间桩间土应力随时间发展逐渐增加，恒压结束，最大增值 6.49kPa，桩顶应力的降低幅度大于桩间土应力的增加幅度。

放水前，各测点反力在水平向的分布见图 6-44，因充水加荷产生的测点反力在水平向的分布见图 6-45。

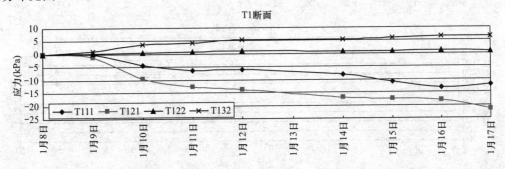

图 6-43　恒压期间，桩顶与桩间土应力调整过程线（一）

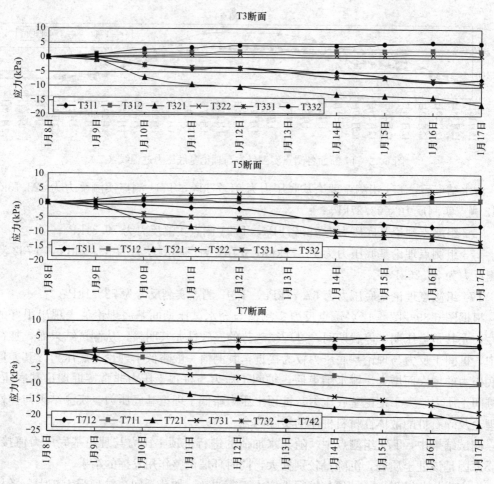

图 6-43 恒压期间，桩顶与桩间土应力调整过程线（二）

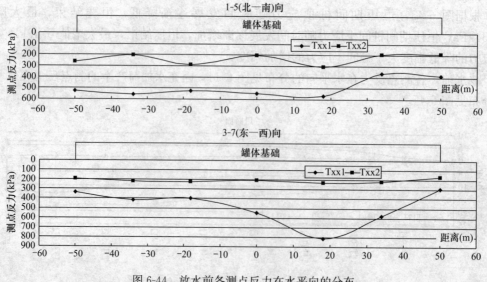

图 6-44 放水前各测点反力在水平向的分布

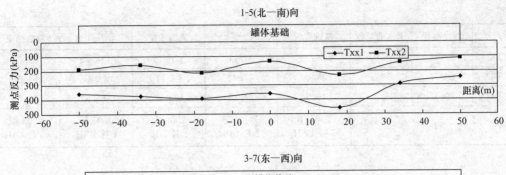

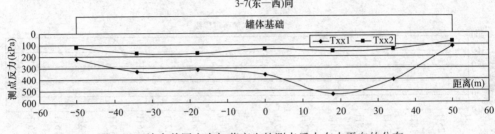

图 6-45 放水前因充水加荷产生的测点反力在水平向的分布

根据图 6-44，桩间土反力分布形式接近基底压力分布，由于土压计埋设于罐基下，其测值与基底压力理论分布形式一致，桩顶土压反力除在西侧 T731 测点测值稍大，其他测点测值相差不大。图 6-45 因充水加荷产生的测点反力在水平向的分布形式与图 6-44 一致，说明整个加荷期间，各测点桩土应力比基本为定值。

从实测结果看，各测点土压力分布不均匀，其原因与环基刚度、罐基倾斜、地基处理采用不同的置换率以及土质条件等因素有关。

6.3.2 侧向土压力监测

环墙侧向土压力观测点共布置 12 个。监测点沿基础竖向布置 4 组，每组 3 个观测点，按上、中、下布设于基础内侧。

整个观测过程中，各测点实测侧向土压值随时间、荷载的变化过程见图 6-46。各测点在不同阶段节点的侧向土压实测值见表 6-19。

各测点在不同阶段节点的侧向土压实测值（单位：kPa）　　　表 6-19

测点号	埋设高程	上水前荷载	基础完成	上水前	最高水位	恒压 10d	测试结束
CT21	28.01	45.95	34.65	40.21	146.59	148.90	64.28
CT22	28.71	32.3	15.17	18.67	87.90	90.23	16.64
CT23	29.41	18.65	7.09	13.06	164.99	156.90	27.53
CT41	28.01	45.95	39.20	45.48	124.35	126.31	54.53
CT42	28.71	32.3	28.08	45.60	106.19	102.17	34.26
CT43	29.41	18.65	17.23	22.13	149.58	132.93	19.00
CT61	28.01	45.95	51.74	66.06	155.83	156.97	79.27
CT62	28.71	32.3	47.09	52.25	73.50	75.69	62.40
CT63	29.41	18.65	41.11	44.35	94.21	94.81	46.87

续表

测点号	埋设高程	上水前荷载	基础完成	上水前	最高水位	恒压 10d	测试结束
CT81	28.01	45.95	28.39	37.71	120.15	138.79	89.02
CT82	28.71	32.3	48.60	51.94	73.14	82.81	64.6I
CT83	29.41	18.65	16.66	24.36	179.42	165.92	23.11
备注			2004 年 7 月 11 日	2004 年 12 月 16 日	2005 年 1 月 7 日	2005 年 1 月 17 日	2005 年 3 月 4 日

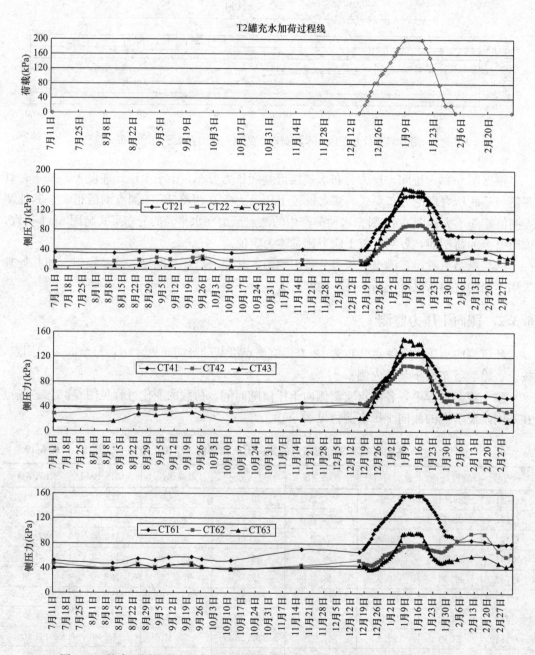

图 6-46　整个观测过程中，各测点实测侧向土压值随时间、荷载的变化过程（一）

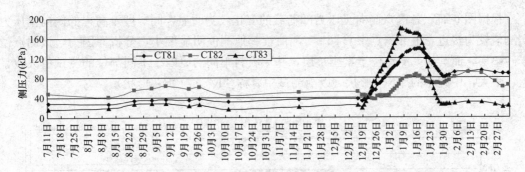

图 6-46 整个观测过程中，各测点实测侧向土压值随时间、荷载的变化过程（二）

根据图 6-46 罐体基础施工结束，环基侧向压力已呈现较大值，罐体施工阶段由于上部荷载较小，侧向压力呈微弱的变化趋势，在上水前侧向压力的分布形式接近静止土压力的分布，侧压力随深度的增加而增大，在充水试压前，外荷载为罐底板与垫层自重，侧向压力之所以有这么大，完全是由于施工过程中对垫层分层碾压，使垫层处于压密状态过程中，垫层对环墙产生径向扩张力的结果。因此侧向压力一部分由上部荷重产生，另一部分为径向箍紧作用力。

各测点的侧向压力随充水荷载的增加而增大，加荷开始，各测点的侧向压力表现为不同程度的迅速回落，尤其是中、上部，分析原因为施工过程中对垫层的反复碾压，在垫层上部形成一层密实度较大的硬壳层，当大面积预压荷载施加上去时，地基出现沉降或部分区域垫层本身的压缩使硬壳层遭到破坏，侧压力值就迅速回落，其后再随荷载的增加呈上升趋势。许多罐体的测试结果也证实了这一规律。

在充水试压过程中，当新加一级荷载后，与地基有一个沉降发展和稳定的过程相类似，环基内侧的垫层对环基的侧压力也有一个发展和稳定的过程。其规律为在荷载施加以后且保持不变之下，侧压力将随着时间推移而不断继续增长，最后达到稳定数值。达到稳定数值所需的时间称为稳定时间。在恒压期，稳定时间平均为 7d 左右。但上部土中测点表现为侧压力回落，主要原因为测试仪器本身刚度与素土垫层相差较大，应力集中明显，所以恒压期表现为集中应力回落现象。

在卸荷过程中与预压加荷相类似的侧压力衰减也有一个时间上的滞后现象，称侧应力卸荷稳定时间，当外荷载卸载一级后，由于环墙垫层经过预压后，存在残余应力，虽然外荷载已经卸除，但因环墙变形有弹性回缩，对垫层有径向压缩作用，所以卸载后仍有较大的环墙侧向压力存在。这种滞后现象在北、东、南三侧中、上部 1 月 29 日至 2 月 1 日立柱调整期间就有迹象，而下部因测点位置接近地面，受地基变形影响并不明显，西侧因地基变形最大，上、中、下 3 侧土压测试都表现了明显的稳定滞后现象，滞后时间平均为 7d 左右。这与沉降观测的稳定时间较为接近。

整个测试过程中，CT62 与 CT82 在充水试压期间，随荷载的变化较其他测点弱、不明显。根据测试日志，CT62 与 CT82 在 6 月 27 日，施工单位因碎石垫层回填高程低于设计高程而返工过程中，曾被挖掘机挖下。上水期间测试变化值不明显的原因推测为，二次回填碎石在压密程度上较其他区域稍密实，侧压力因有效内摩擦角的增大而降低，确切原因有待进一步验证。充水试压期间，埋设于不同高程的土压计实测值随上部荷载、时间的变化过程见图 6-47。

根据图 6-47，各测点侧向土压力随荷载的变化较为明显，同一埋设高程的侧向土压力实测值较为接近，上部测点中 CT63 实测值较其他测值明显偏小，分析原因为，该测点位于砂垫层，而其他 3 测点位于素土垫层，垫层材料不同的原因。不同部位的测试值大致呈上、下大，中间小的"K"形状（以前测试中有称"R"或"B"形状）。

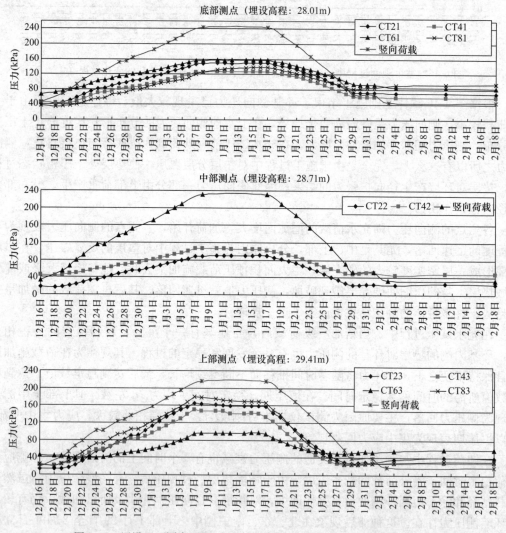

图 6-47 埋设于不同高程的土压计实测值随上部荷载、时间的变化过程

在设计油罐环基时，究竟按什么样的状态（即主动、静止、被动）采用多大的侧压力系数，这是个较为重要的问题。油罐经过充水预压，环基内垫层的内摩擦角有了大幅度提高，对于钢筋混凝土环基最不利状态是出现在充水试压加荷过程中，因此，进行环基设计时，其最不利荷载条件为最大充水预压荷载。根据环基实测侧向土压力数据分析，侧向土压力呈"K"形分布规律，在加荷阶段、卸荷阶段侧压力分布曲线是不一致的，侧压力系数不是固定值，根据侧压力系数的定义，充水试压过程中，侧压力系数过程线见图 6-48。各测点侧压力系数平均值及其统计值见表 6-20。

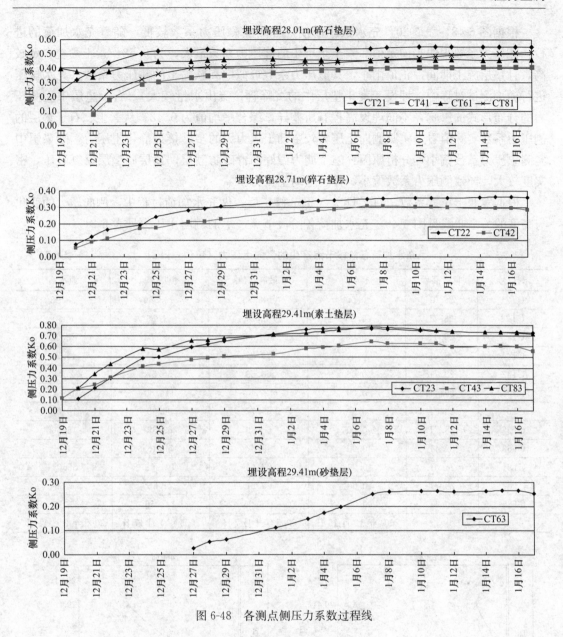

图 6-48　各测点侧压力系数过程线

各测点侧压力系数平均值及其统计值

表 6-20

埋设高程	各测点实测平均侧压力系数				最小值	最大值	平均值	垫层材料
28.01m	CT21	CT41	CT61	CT81	0.4	0.54	0.46	石子
	0.54	0.40	0.46	0.46				
28.71m	CT22	CT42			0.29	0.35	0.32	
	0.35	0.29						
29.41m	CT23	CT43	CT83		0.58	0.73	0.68	素土
	0.72	0.58	0.73					
	CT63				0.26	0.26	0.26	砂子
	0.26							

　　根据图 6-48，表 6-20，充水试压前期，各测点侧压力系数较低，随着充水加荷的进行，侧压力系数很快趋向定值。素土垫层中的侧压力系数最大，为 0.68，素土黏粒含量较高，且垫层施工期间，正值雨季，其侧压力系数近似饱和软黏土的侧压力系数（充水试压进行横剖测试过程中，埋设于素土垫层中的沉降管，流出水量较大）。石子垫层中受侧压力的分布形式的影响，不同埋设高程有所差异，综合平均值为 0.42。从素土、石子垫层的侧压力系数实测值看，实测侧向土压力较主动土压力大的多，接近静止土压力。砂垫层中实测土压力系数偏小，分析原因：施工期为做好沥青砂防潮层，顶层砂垫层反复碾压，密实度较大，导致侧压力系数偏小，接近主动土压力。

　　根据实测土压力系数，对 CT62、CT82 修正后，做充水加荷过程中，侧向压力的变化与高度的关系曲线见图 6-49。充水加荷各阶段节点产生的侧向土压力见表 6-21。

充水加荷各阶段节点产生的侧向土压力（单位：kPa）　　　　　表 6-21

测点号	埋设高程	上水前	最高水位	恒压 10d	泄水后
CT21	28.01	0.00	106.38	108.69	28.98
CT22	28.71	0.00	69.24	71.56	6.60
CT23	29.41	0.00	151.93	143.84	28.02
CT41	28.01	0.00	78.87	80.83	13.21
CT42	28.71	0.00	60.59	56.57	2.74
CT43	29.41	0.00	127.45	110.80	6.13
CT61	28.01	0.00	89.77	90.92	19.07
CT62	28.71	0.00	63.39	63.39	16.50
CT63	29.41	0.00	49.87	50.46	14.90
CT81	28.01	0.00	82.44	101.08	55.07
CT82	28.71	0.00	69.24	71.56	6.60
CT83	29.41	0.00	155.06	141.56	6.66
备注：		2004 年 12 月 16 日	2005 年 1 月 7 日	2005 年 1 月 17 日	2005 年 2 月 11 日

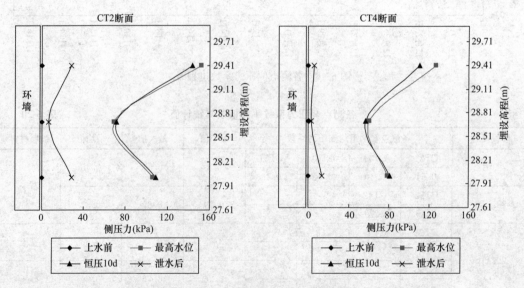

图 6-49　充水加荷过程中，侧向压力的变化与高度的关系曲线（一）

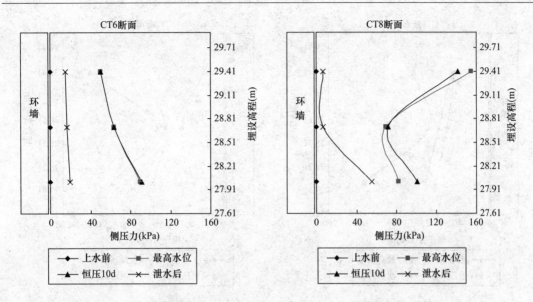

图 6-49　充水加荷过程中，侧向压力的变化与高度的关系曲线（二）

根据图 6-49，表 6-21，各测点侧向土压力随充水加荷的增加而增大，侧压力的增加呈上、下部大中间小的"K"形分布，泄水完成后，加荷产生的侧向土压力并未完全消失，仍残余部分侧向压力，CT6 断面侧向压力的变化曲线"K"形不明显，主要原因为砂与石子较素土与石子在侧压力系数上更为接近的缘故。

观测过程中，侧向压力的分布与高度的关系曲线见图 6-50。加荷前期与卸荷后，侧向压力基本呈下部最大、中间次之，上部最小的静止土压力分布形式，由于侧压力的增加呈"K"形分布，最高水位与恒压期间的侧压力分布相应呈明显的"K"形分布。

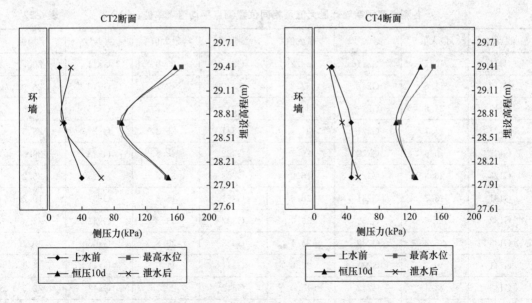

图 6-50　观测过程中，侧向压力的分布与高度的关系曲线（一）

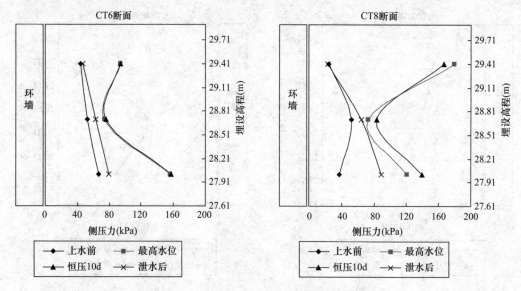

图 6-50 观测过程中，侧向压力的分布与高度的关系曲线（二）

6.4 环墙钢筋应力监测

环墙钢筋应力观测点共布置 36 个。环墙钢筋应力观测包括环墙内、外侧环向钢筋应力。在环墙顶部、中部、下部的内外侧 4 排上各布置一个应力观测断面为一组（12 个），沿环向共布置 3 个观测断面。

各观测断面钢筋计测点实测值随荷载、时间的过程线见图 6-51～图 6-53。整个观测过程中，各测点实测钢筋计最大值及相同位置测点平均值见表 6-22。各排测点平均值见表 6-23。

各测点实测钢筋计最大值及相同位置测点平均值（单位：kN）　　表 6-22

测点号	最大值	测点号	最大值	测点号	最大值	测点号	平均值
G111	10.7	G211	24.2	G311	25.9	Gx11	20.3
G112	11.6	G212	32.3	G312	42.7	Gx12	28.9
G113	31.6	G213	34.0	G313	45.2	Gx13	36.9
G121	12.7	G221	31.7	G321	26.2	Gx21	23.5
G122	15.5	G222	29.7	G322	43.6	Gx22	29.6
G123	26.3	G223	16.2	G323	33.2	Gx23	25.2
G131	13.7	G231	28.6	G331	15.3	Gx31	19.2
G132	17.6	G232	36.4	G332	43.8	Gx32	32.6
G133	36.3	G233	24.1	G333	30.8	Gx33	30.4
G141	10.3	G241	22.6	G341	11.9	Gx41	14.9
G142	23.1	G242	15.0	G342	29.7	Gx42	22.6
G143	17.9	G243	38.0	G343	35.7	Gx43	30.5

各排测点平均值（单位：kN）　　　　表 6-23

钢筋排列	1 排	2 排	3 排	4 排	平均值
20 排	36.9	25.2	30.4	30.5	30.8
12 排	28.9	29.6	32.6	22.6	28.4
4 排	20.3	23.5	19.2	14.9	19.5
平均值	28.7	26.1	27.4	22.7	

（备注：钢筋计排列，自下而上 4 排、12 排、20 排；自内向外 1 排、2 排、3 排、4 排）

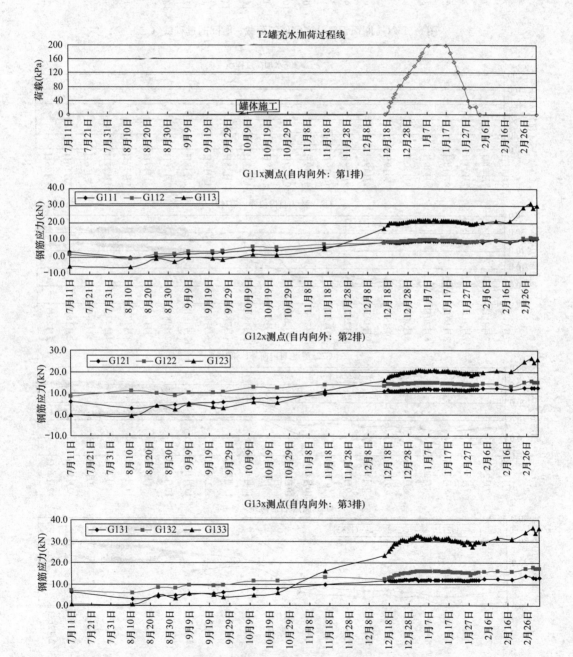

图 6-51　G1 断面钢筋计实测值随荷载、时间的过程线（一）

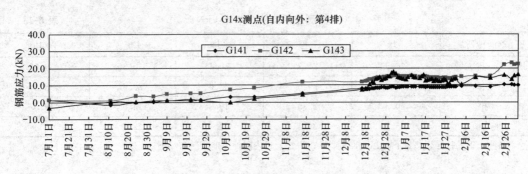

图 6-51 G1 断面钢筋计实测值随荷载、时间的过程线（二）

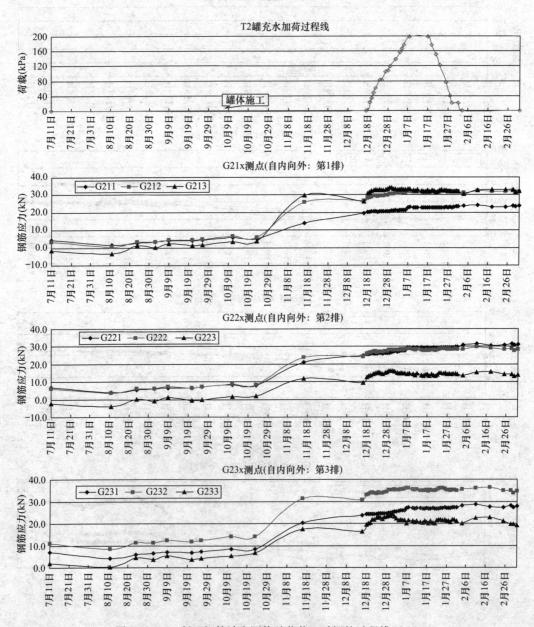

图 6-52 G2 断面钢筋计实测值随荷载、时间的过程线（一）

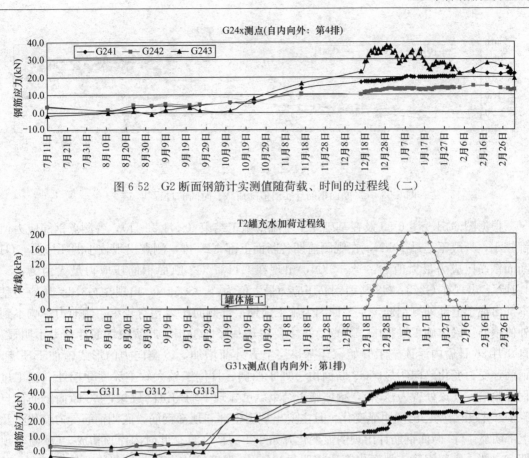

图 6 52 G2 断面钢筋计实测值随荷载、时间的过程线（二）

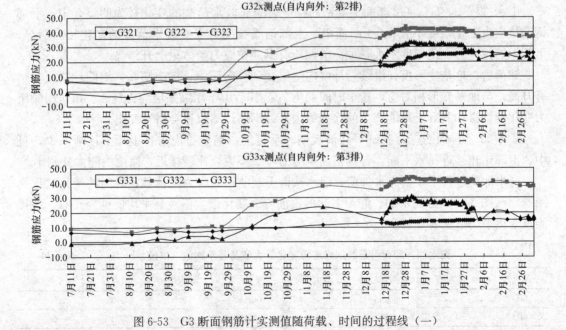

图 6-53 G3 断面钢筋计实测值随荷载、时间的过程线（一）

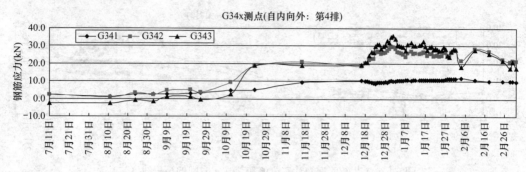

图 6-53　G3 断面钢筋计实测值随荷载、时间的过程线（二）

根据图 6-51～图 6-53 及在基础完工至罐壁施工结束（9 月 26 日），各测点钢筋应力值都较小，一般不超过 10kN，在观测前期各断面上部（20 排）测点出现较小的压应力，G1 断面钢筋压应力最大值为：－5.9kN，出现在 G113；G2 断面钢筋压应力最大值为：－4.1kN，出现在 G223；G3 断面钢筋压应力最大值为：－6.5kN，出现在 G313。压应力基本都出现于上部外侧钢筋，主要原因为施工前期上部侧向压力相对较小，侧向力影响不到外侧钢筋。罐体施工过程中，罐壁荷重主要由环基竖向承担，此阶段钢筋计受力不明显。自 9 月 26 日后内浮顶施工开始，环基垫层上方外荷增加，以侧向力的形式施加于环墙，钢筋计受力变化趋向明显。G3 断面由于处于西侧、且位于较大软土深度开挖处（施工过程中验槽发现该处曾为池塘），罐体施工结束就已显现不均匀沉降迹象，G3 断面钢筋计自 9 月 26 日开始就已出现明显变化，且主要出现于中部和顶部钢筋，底侧钢筋受力变化不及上部明显。G2 断面钢筋计出现明显变化开始于 10 月 23 日、此时内浮顶初成，G2 断面顶部、中部、底部钢筋应力变化都比较明显；G1 断面钢筋计出现明显变化开始于 10 月 23 日，主要出现于顶部钢筋，中下部变化非常不明显，两断面差异情况与断面所在处镇压层的厚度及回填密实度较为吻合。

上水过程中，G1、G2 断面上部钢筋拉应力受充放水荷载的变化较为明显，中、下部钢筋拉应力变化幅度不大；G3 断面中、上部钢筋拉应力受充放水荷载的变化较为明显，下部钢筋拉应力变化幅度不大。加荷前期所有钢筋拉应力整体呈上升趋势。

卸荷后，地基变形反弹继续，环墙内垫层受到竖向压缩、横向膨胀，钢筋计拉应力略有升高，与地基变形相对应，这个时间约为 7d。其后由于压缩垫层应力释放、镇压层侧压力变化及钢材和混凝土可能产生的徐变等因素，钢筋计值还会略有变化。

表 6-23 各排钢筋应力测试平均值表明，垂直向：钢筋拉应力自上而下逐渐减少，且中、上部比较接近；水平向：各排钢筋拉应力差别不大，比较接近，略成内侧大外侧小。

充水加荷过程中，因充水加荷、泄水减荷引起的钢筋应力随荷载、时间的变化过程见图 6-54～图 6-56。因充水加、卸荷引起的钢筋应力变化最大值及其平均值见表 6-24。各排测点变化平均值见表 6-25。

充水加、卸荷引起的钢筋应力变化最大值及其平均值（单位：kN）　　表 6-24

测点号	最大值	测点号	最大值	测点号	最大值	测点号	平均值
G111	1.1	G211	4.5	G311	13.8	Gx11	6.5
G112	1.8	G212	5.6	G312	10.7	Gx12	6.0

续表

测点号	最大值	测点号	最大值	测点号	最大值	测点号	平均值
G113	5.0	G213	7.8	G313	14.4	Gx13	9.1
G121	1.3	G221	6.7	G321	9.0	Gx21	5.7
G122	1.5	G222	5.6	G322	8.0	Gx22	5.0
G123	5.0	G223	6.7	G323	13.2	Gx23	8.3
G131	0.9	G231	4.9	G331	2.4	Gx31	2.8
G132	3.9	G232	5.6	G332	8.5	Gx32	6.0
G133	9.2	G233	7.7	G333	14.9	Gx33	10.6
G141	1.5	G241	5.6	G341	1.5	Gx41	2.9
G142	3.6	G242	5.0	G342	11.2	Gx42	6.6
G143	10.7	G243	15.0	G343	16.6	Gx43	14.1

充水加、卸荷引起的各排测点变化平均值　　　　　　　　　　　表 6-25

钢筋排列	1 排	2 排	3 排	4 排	平均值
20 排	9.1	8.3	10.6	14.1	10.5
12 排	6.0	5.0	6.0	6.6	5.9
4 排	6.5	5.7	2.8	2.9	4.4
平均值	7.2	6.3	6.5	7.9	

（备注：钢筋计排列，自下而上 4 排、12 排、20 排；自内向外 1 排、2 排、3 排、4 排）

　　根据表 6-25，充水加、卸荷引起的各排钢筋应力变化平均值，垂直向：钢筋拉应力自上而下逐渐减少，且中、下部比较接近；水平向：各排钢筋拉应力差别不大，比较接近。

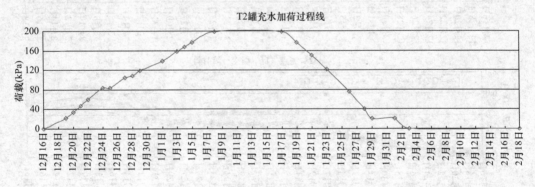

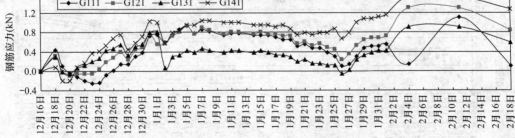

图 6-54　G1 断面充水加、卸荷引起的钢筋应力随荷载、时间的变化过程（一）

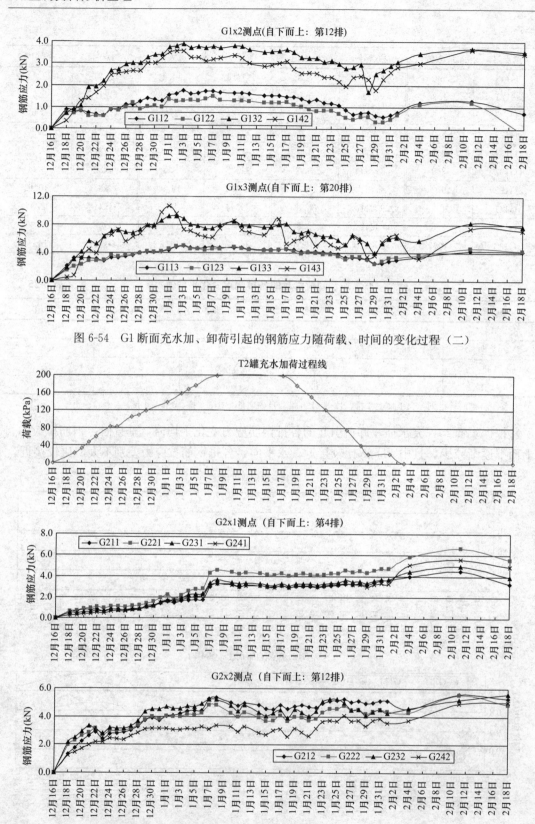

图 6-54　G1 断面充水加、卸荷引起的钢筋应力随荷载、时间的变化过程（二）

图 6-55　G2 断面充水加、卸荷引起的钢筋应力随荷载、时间的变化过程（一）

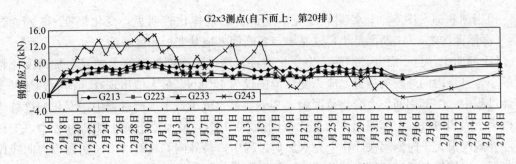

图 6-55　G2 断面充水加、卸荷引起的钢筋应力随荷载、时间的变化过程（二）

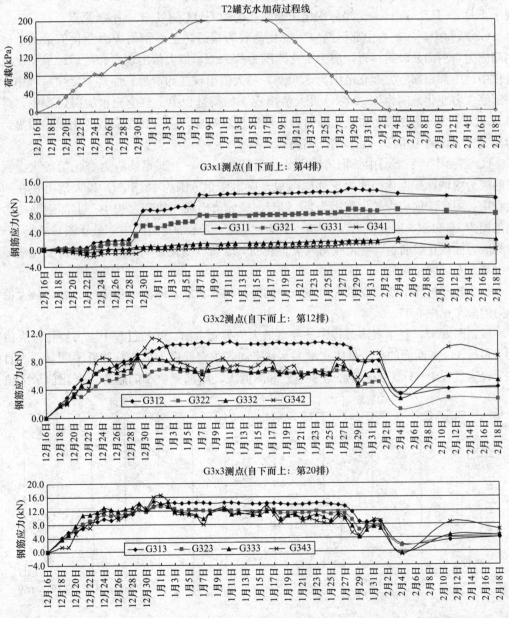

图 6-56　G3 断面充水加、卸荷引起的钢筋应力随荷载、时间的变化过程

根据图6-54～图6-56，各测点随充水加卸荷的规律比较明显，变化幅度G3断面最大，G2断面次之，G1断面最小，这基本与各断面处地基变形幅度一致。

G1断面中，自下而上，钢筋应力变化值逐渐增大，底部钢筋应力随充水加荷变化幅度最小，且自内向外较为接近，应力变化范围仅为1.5kN，最大值出现在卸荷后、地基土反弹过程中；中部钢筋应力变化范围为3.9kN，最大值出现于加荷过程中，变化幅度外侧两根大于内侧两根；上部钢筋应力变化范围为10.7kN，最大值出现于加荷过程中，变化幅度外侧两根大于内侧两根。整个充水加荷过程中，最外侧G142、G143实测应力曲线比较曲折，峰值相对明显，说明其受荷载变化影响明显。钢筋应力受地基土反弹影响自下而上逐渐推迟，底侧较为明显点出现于1月26日，中侧出现于1月28日至29日，上侧出现于1月29日至30日。受卸荷变化影响明显的为G111、G133、G143测点。

G2断面中，底部与中部钢筋应力变化值较为接近，上部钢筋应力变化值最大。底部钢筋应力自内向外较为接近，应力变化范围为6.7kN，最大值出现在卸荷后、地基土反弹过程中；中部钢筋应力变化范围为5.6kN，最大值出现在卸荷后、地基土反弹过程中；上部钢筋应力变化范围为15.0kN，最大值出现于加荷过程中。整个充水加荷过程中，最外侧G242、G243实测应力曲线比较曲折，峰值相对明显，说明其受荷载变化影响明显。随卸荷变化明显的为中部、上部两排钢筋。

G3断面中，底部与中部钢筋应力变化值较为接近，上部钢筋应力变化值最大。底部钢筋应力内侧两根变化幅度大于外侧两根，应力变化范围为13.8kN，最大值出现在卸荷过程中；中部钢筋应力变化范围为11.2kN，最大值出现在加荷过程中；上部钢筋应力变化范围为16.6kN，最大值出现于加荷过程中。整个充水加荷过程中，最外侧G342、G343实测应力曲线比较曲折，峰值相对明显，说明其受荷载变化影响明显。随卸荷变化明显的为中部、上部两排钢筋。

整个观测过程中各测点最大值在竖向的分布与充水加、卸荷过程中应力变化最大值在竖向的分布见图6-57。

根据图6-57，整个观测过程中各测点最大值与充水加、卸荷过程中应力变化最大值在G1、G2、G3各断面的分布是依次增大。水平向各排钢筋应力分布规律性不明显，垂直向整个观测过程中，G1、G3断面略呈中上部测值大、底部测值小的趋势，变化值最大值基

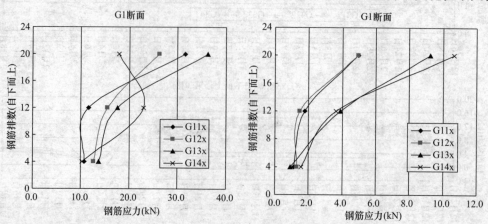

图6-57 整个观测过程中各测点最大值与充水过程中应力变化最大值在竖向的分布（一）

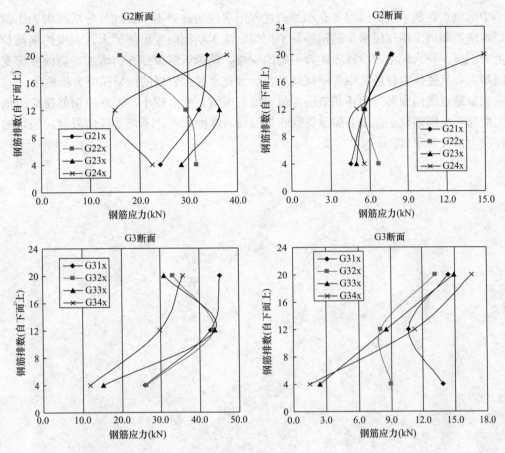

图 6-57 整个观测过程中各测点最大值与充水过程中应力变化最大值在竖向的分布（二）

本呈上部较大，中、下部比较接近，类似侧向压力分布的"K"形。出现变化规律不明显的主要原因为钢筋应力测试值较小。测点最大值平均值与充水加荷中最大变化值平均值在深度上的分布形式见图 6-58。

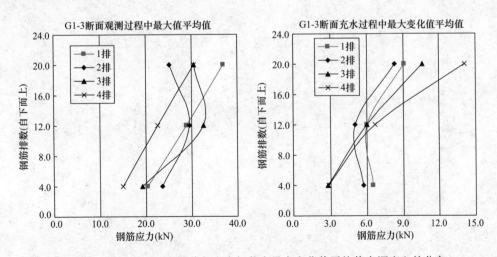

图 6-58 测点最大值平均值与充水加荷中最大变化值平均值在深度上的分布

　　中部测点在整个观测过程与充水加荷过程所表现的趋势不一致性，分析原因为中部测点，在施工期由于镇压层密实度稍差且不均匀，施工期侧向变形值稍大，表现的钢筋拉应力更为明显，充水期由于喷砂除锈脚手架的安装，使镇压层顶部外荷增加，侧向变形受到限制增大，且侧压力在环墙中部增幅最小，导致充水过程表现的钢筋拉应力值较小。

　　底部测点侧向变形受到环基垫层与镇压层的束缚，变形较小，表现的钢筋拉应力值在施工期与充水期都较小，而上部除受到底板的侧向摩擦力外，不再受任何限制，表现的钢筋拉应力都较为明显。

7 主要处理技术措施

7.1 地基处理措施

1. 换填垫层法：适用于浅层软弱地基及不均匀地基的处理。其主要作用是提高地基承载力，减少沉降量，加速软弱土层的排水固结，防止冻胀和消除膨胀土的胀缩。

2. 强夯法：适用于处理碎石土、砂土、低饱和度的粉土与黏性土、湿陷性黄土、杂填土和素填土等地基。强夯置换法适用于高饱和度的粉土，软-流塑的黏性土等地基上对变形控制不严的工程，在设计前必须通过现场试验确定其适用性和处理效果。强夯法和强夯置换法主要用来提高土的强度，减少压缩性，改善土体抵抗振动液化能力和消除土的湿陷性。对饱和黏性土宜结合堆载预压法和垂直排水法使用。

3. 置换强夯法：置换强夯法是强夯置换法的延伸扩展，加固机理主要是置换，然后对置换墩周围的墩间土进行二次加固，最后是挤密和大直径排水体的作用。目前该法应用较少。该法施工简单、取材容易、施工速度快、工期短、造价低，有明显的经济效益，且打夯期间加速地基孔隙水的消散作用，降低含水率，对提高地基强度和均匀性、降低压缩性、消除湿陷性、改善抗振动液化能力等具有明显的效果；适用于处理高饱和度、低透水性、低强度、高压缩性软土的地基。

4. 砂石桩法：适用于挤密松散砂土、粉土、黏性土、素填土、杂填土等地基，提高地基的承载力和降低压缩性，也可用于处理可液化地基。对饱和黏土地基上变形控制不严的工程也可采用砂石桩置换处理，使砂石桩与软黏土构成复合地基，加速软土的排水固结，提高地基承载力。

5. 振冲法：石油化工系统是最早将振冲法用于油罐地基处理的，且国内许多油罐地基采用振冲法处理，容积从几千到几万 m^3，目前最大为 12.5 万 m^3。振冲法分加填料和不加填料两种。加填料的通常称为振冲碎石桩法。振冲法适用于处理砂土、粉土、粉质黏土、素填土和杂填土等地基。对于处理不排水抗剪强度不小于 20kPa 的黏性土和饱和黄土地基，应在施工前通过现场试验确定其适用性。不加填料振冲加密适用于处理黏粒含量不大于 10% 的中、粗砂地基。振冲碎石桩主要用来提高地基承载力，减少地基沉降量，还可用来提高土坡的抗滑稳定性或提高土体的抗剪强度。振冲法利用强度高的碎石桩与周围土组成复合地基来处理黏性土地基，且强度至少提高一倍；振冲法在软黏土中设置的碎石桩具有良好的排水效果；振冲法处理油罐地基可以在中心部位减少桩距或增加处理深度，以减少油罐中心和边缘的沉降差，未经处理的油罐则产生严重倾斜。

6. 水泥粉煤灰碎石桩（CFG 桩）法：由碎石、石屑、粉煤灰、掺适量水泥加水拌合利用各种成桩机制而成的桩型。通过调整水泥掺量及配比，可使桩体强度等级在 C5～C20 之间变化，CFG 桩和桩间土通过褥垫层形成 CFG 桩复合地基。CFG 桩可大幅度提高地基土的承载力，尤其是可根据承载力的大小和沉降控制数值的要求调整桩长、中心部位的桩距、褥垫层厚度和桩体配比；CFG 桩适用于处理填土、饱和性土和非饱和黏性土、粉土、砂土和已自重固结的素填土等地基；CFG 桩施工简单、造价较低，且沉降变形较小。该法适用于条基、独立基础、箱基、筏基，可用来提高地基承载力和减少变形。对可液化地基，可采用碎石桩和水泥粉煤灰碎石桩多桩型复合地基，达到消除地基土的液化和提高承载力的目的，所以具有明显的社会效益和经济效益。

7.2 15万 m³ 大型浮顶储罐地基处理措施

根据各土层物理力学性质，场地内的第 1 层、第 2-1 层、第 2-2 层的地基承载力特征值为 125～130kPa，不能满足 15 万 m³ 油罐基础的要求；另外在自然地面以下 7m 左右存在一软弱土层（即第 3-3 层），地基承载力特征值为 170kPa。按《建筑地基基础设计规范》（GB 50007—2002）中的 5.2.4 公式地基承载力特征值的修正公式，

$$f_a = f_{ak} + \eta_b \gamma (b-3) + \eta_d \gamma_m (d-0.5)$$

式中　f_a——修正后的地基承载力特征值；

　　　f_{ak}——地基承载力特征值；

　η_b、η_d——基础宽度和埋深的地基承载力修正系数；

　　　γ——基础底面以下土的重度，地下水位以下取浮重度；

　　　b——基础底面宽度（m），当宽度小于 3m 按 3m 取值，大于 6m 按 6m 取值；

　　　γ_m——基础底面以上土的加权平均重度，地下水位以下取浮重度；

　　　d——基础埋置深度（m），按环墙基础底面埋深取值。

经验算，按规范公式修正后的下卧层地基承载力与实际的压力相差近 60kPa 左右，该土层的强度不能满足 15 万 m³ 油罐基础的要求。因此需对第 1 层、第 2-1 层、第 2-2 层及下卧层第 3-3 层的地基进行处理。根据油罐的使用特点，通过对各种地基处理方法的适用性、可靠性、经济性及环境影响等方面进行分析、比较，经课题组成员单位研究论证，决定采用振冲碎石桩复合地基进行加固处理。

8 结论及建议

大型浮顶油罐被广泛应用于国家战略石油储备及石化企业，其大型化、集中化已成为其发展的必然趋势。大型油罐安全一直是国内外学者研究的焦点，尤其是在我国，虽具备大型油罐的设计及建造能力，但油罐标准多是参考美国、日本等国家，理论基础比较薄弱，油罐事故时有发生。大量油罐工程事故的惨痛经历表明，地基沉降是导致油罐破坏的主要原因之一。鉴于油罐事故的严重性和目前研究的不足，本书开展了对大型浮顶油罐地基与基础监测及沉降处理技术的研究，对保障大型油罐长期安全、平稳运行具有重要的现实意义。

8.1 主要研究结论

本书通过对 15 万 m^3 大型浮顶油罐地基与基础的监测和分析研究，可以得出以下结论：

8.1.1 竖向位移观测

（1）竖向位移观测结果表明，随着充水试压过程中的荷载变化，实测环墙沉降、底板变形、环基内部土体锥面变形、地表土变形都相应呈有规律的变化，其变化规律符合线弹性理论，各项沉降与变形测试结果与工勘资料反映的地质条件差异、地基处理结果吻合，实测结果表明，在充水试压期间，碎石桩复合地基处于弹性压缩阶段。

（2）根据环基沉降与底板变形测试结果，充水过程中环基沉降速率符合设计要求，平面与非平面倾斜的 3 项控制指标均小于设计限值。说明碎石桩对地基土起到了很好的加固效果，通过 T-2 罐西侧加大置换率，使最大点沉降速率、相邻点沉降差与径点沉降差得到有效控制，同时两罐西侧的差异沉降也表明，桩顶土地质条件对碎石桩复合地基承载力影响较大。

（3）底板变形测试结果与环基内部土体锥面变形测试结果非常一致，测试表明，底板与环基下地基土变形类似平底锅形状，且锅底边缘极为接近环墙（距环墙约 $R/5$ 处），底板中心并未出现较大沉降，一是碎石桩对地基土起到了很好的加固效果，二是碎石桩的布置自罐边缘向罐中心置换率是逐渐增大的。内部土体锥面变形测试也表明，靠近环墙处，由于大型碾压机械难以靠近，垫层密实程度不均匀。泄水结束时，底板与沥青砂垫层之间的空隙不大，最大值仅为 8.1mm。由于此次底板测试点布置较少，未能很好地将靠近环墙边缘的底板变形及底板与沥青砂垫层之间的空隙反映出来。地表土变形与环基内部土体锥面变形连线光滑，环基沉降对地表土变形的影响范围为 9.0m。

8.1.2 孔隙水压力监测

（1）充水试压过程中，碎石垫层由于孔隙水泄路畅通没有产生超静孔隙水压力，其变化过程与地下水位的变化同步。埋设于 2～3-3 层中的孔压计产生超静孔隙水压力，其值不大，且消散速度较快，停载出现明显的孔隙水压力消散现象，放水前（10d）消散平均达到 63%，其固结度因土质及深度的影响稍有差异，3-2 层最大为 78%，由于超静孔隙水压力消散速度较快，实际固结度要较计算值高。这说明碎石桩地基处理缩短了孔隙水的渗透路径，改善了地基土的排水固结条件。

（2）超静孔隙水压力随充水试压过程中的荷载变化明显，规律性很强。超静孔隙水压力沿深度的分布呈中部大两头小的形状，符合理论上超静孔压沿深度的分布规律。水平向，超静孔压的分布类似于附加压力的理论分布。整个孔压观测结果表明，充水试压期间的排水固结过程主要发生于浅层碎石桩处理深度范围内。

（3）各测点孔隙水压力荷载比 K_u 值在充水试压过程中趋向定值，且远小于 60%，说明 T-2 罐地基在充水试压条件下处于线弹性平衡状态，充水试压过程是安全的、地基是稳定的。通过实测得出的关于 $\Delta u/\Delta p$ 的规律对于该地区的后建罐，在采取类似的地基处理方式时，可以按照设计荷重或者所引起的地基应力，利用上述经验数值事先估计地基中可能发生的超静孔隙水压力，进行有效应力作用的安全分析。

8.1.3 土压力监测

（1）垂直向土压力实测结果表明，随充水加荷的进行，各测点土压力增加，桩顶土压力增幅明显大于桩间土压力，加荷过程中，桩顶与桩间土应力不断调整，加荷瞬间，桩顶受力较大，随桩顶刺入垫层量的增加，桩顶受力减小，桩间土应力增加，直至相对沉降量稳定，其应力比趋向定值。充水加荷期间各测点应力比 1.9～3.7，比前期桩基检测实测桩土应力比 2.6～4.0 略低，在考虑压力传递方式（载荷板与罐基）、加荷速度影响的情况下，二者测试结果较为吻合。泄水后，随荷载的减少，桩顶与桩间土压力值减少，桩顶土压力减幅明显大于桩间土压力，泄水结束，桩顶与桩间土压力值趋向一致，桩顶应力集中现象消失。实测结果表明，加荷过程中，桩间土反力与理论基底压力较为接近，其测值一般略低于理论基底压力，其差值随基底压力的增大而增大。泄水结束后，桩间土压力与桩顶土压力非常接近理论基底压力，且桩间土压力略大于理论基底压力、桩顶土压力略低于理论基底压力。实测结果与弹性压缩理论及碎石桩的散体性材料桩体的实际情况吻合。

（2）上水前侧向压力的分布形式接近静止土压力的分布，侧压力随深度的增加而增大，此时侧向压力偏大，完全是由于侧向压力由两部分组成：一部分为上部荷重产生，另一部分因垫层处于压密状态受到环墙的径向箍紧作用力。加荷开始，各测点的侧向压力表现为不同程度的迅速回落，尤其是中、上部，分析原因为施工过程中对垫层的反复碾压，在垫层上部形成一层密实度较大的硬壳层，当大面积预压荷载施加上去时，地基出现沉降或部分区域垫层本身的压缩使硬壳层遭到破坏，侧压力值就迅速回落，其后再随荷载的增加呈上升趋势。许多罐体的测试结果也证实了这一规律。在充水试压过程中，侧压力稳定时间平均为 7d 左右。卸荷滞后现象，在北、东、南三侧中、上部立柱调整期间就有迹象，而下部因测点位置接近地面，受地基变形影响并不明显，西侧因地基变形最大，上、中、下 3 侧土压测试都表现了明显的稳定滞后现象，滞后时间平均为 7d 左右。这与沉降观测的稳定时间较为接近。

（3）充水试压期间，侧压力的增加呈上、下部大中间小的"K"形分布，泄水完成后，加荷产生的侧向土压力并未完全消失，仍残余部分侧向压力。加荷过程中，侧压力系数很快趋向定值，素土垫层中的侧压力系数最大，为 0.68，石子垫层中受侧压力的分布形式的影响，不同埋设高程有所差异，综合平均值为 0.42。从素土、石子垫层的侧压力系数实测值看，实测侧向土压力较主动土压力大得多，接近静止土压力。

8.1.4 钢筋应力监测

（1）在观测前期各断面上部测点出现较小的压应力，压应力基本都出现于上部外侧钢筋，主要原因为施工前期上部侧向压力相对较小，侧向力影响不到外侧钢筋。内浮顶施工过程中，由于镇压层密实度较差，此时环墙侧向已开始产生侧向变形，钢筋拉应力开始明显变化，上水过程中，G1、G2 断面上部钢筋拉应力受充放水荷载的变化较为明显，中、下部钢筋拉应力变化幅度不大；G3 断面中、上部钢筋拉应力受充放水荷载的变化较为明显，下部钢筋拉应力变化幅度不大。各测点随充水加卸荷的规律比较明显，变化幅度 G3 断面最大，G2 断面次之，G1 断面最小，这基本与各断面处地基变形幅度一致。整个充水加荷过程中，最外侧中、上部实测应力曲线比较曲折，峰值相对明显，说明其受荷载变化影响明显。

（2）各排钢筋应力测试平均值表明，垂直向：钢筋拉应力自上而下逐渐减少，且中、上部比较接近；水平向：各排钢筋拉应力差别不大，比较接近，略成内侧大外侧小。充水加、卸荷引起的各排钢筋应力变化平均值，垂直向：钢筋拉应力自上而下逐渐减少，且中、下部比较接近，类似侧向压力分布的"K"形；水平向：各排钢筋拉应力差别不大，比较接近。形成此分布原因是：底部测点侧向变形受到环基垫层与镇压层的束缚，变形较小，表现为钢筋拉应力值在施工期与充水期都较小。中部测点，在施工期由于密实度稍差且不均匀，施工期侧向变形值稍大，表现的钢筋拉应力更为明显，充水期由于喷砂除锈脚手架的安装，使镇压层顶部外荷增加，侧向变形受到限制增大，且侧压力在环墙中部增幅最小，导致充水过程表现的钢筋拉应力值较小。而上部除受到底板的侧向摩擦力外，不再受任何限制，表现的钢筋拉应力都较为明显。

（3）钢筋应力的实测结果表明，钢筋测值较小、钢筋拉应力富余度较大，在后建罐的设计中，环向配筋量可适当减少，尤其是镇压层以下的配筋量。

8.2 地基处理技术措施

地基基础的处理方法是多种多样的，要结合实际情况，灵活选择合理经济的地基处理方法。对于大型储油罐而言，为满足设计要求和当地的工程概况以及地质条件，可将多种处理方法结合为一体。

8.3 其他建议

在地基与基础监测前期，测试仪器的成功安装与埋设是后期测试结果准确、得到合理准确分析的前提，由于测试仪器的安装埋设与地基处理施工、环墙基础施工（埋设的重要阶段）同步进行，交叉作业频繁，施工过程中任何测试仪器的损坏，都会给后期的正确测试与合理分析带来很大的困难甚至产生错误的结论，因此各工作之间的协调配合非常重要。监测过程中的实测结果一定要与施工过程的实际情况结合分析才有实际指导意义。

仪征 15 万 m^3 浮顶罐地基与基础科研监测从前期测试方案设计、中期测试仪器与设备的安装与调试、到后期施工期与充水试压期的监测都是成功的。该测试为充水试压的安全进行及储罐建成投产后安全运行、充分发挥工程效益提供了科学依据。更重要的是，通过累积的第一手原始资料，可以加强对大型储罐地基的应力、变形及强度的动态变化和规律研究，为国内修建此类大型储罐积累经验。

附图（现场施工图）

150000m³ 大罐建设现场

孔隙水压力计坑式埋设（碎石垫层中）

埋入式土压力传感器　　　　　　　　土压计坑式埋设

施工损坏后侧向土压力计修复

钢筋计安装

横剖面沉降管埋设

基础内部土体变形测试

高精密光学水准仪观测

地表土变形观测

环墙基础沉降观测

罐底板变形测试

充水试压前（罐体内）

充水过程动态监测

参 考 文 献

［1］ 孙晓前. 盘锦地区大型石油储罐地基处理及方案优化［D］. 大连理工大学，2002.

［2］ 鞠可一，李银淮. 战略石油储备体系构建：国际经验及中国策略［J］. 油气储运，2015，34
（11）：1147-1153.

［3］ 杨子健，李威. 中国石油储备体系的发展现状与建议［J］. 国际石油经济，2015，23（09）：
69-7.

［4］ 马云栋. 立式储罐不均匀沉降条件下底板腐蚀特性研究［D］. 东北石油大学，2018.

［5］ 信息大观［J］. 石油和化工节能，2018（01）：35-39.

［6］ 刘畅. 大型储罐地基的选择以及计算［J］. 硅谷，2014，7（01）：89＋138.

［7］ Lu，Zhi，Swenson，Daniel. "User's Manual for Safe Roof：A Program for the Analysis of
Storage Tanks with Frangible Roof Joints" Manual Release 1. 0，Mechanical Engineering Dept，
Kansas State University，Manhattan，KS，66506.

［8］ Swenson，Daniel，Fenton，Don，Lu，Zhi，Ghori，Asif，Baalman，Joe，"Evaluation of De-
sign Criteria for Storage Tanks with Frangible Roof Joints," Welding Research Council Bulletin
410，ISSN 0043—2326，Welding Research Council，United Engineering Center，345 East 47th
Street，New York，NY，10017，April，1996.

［9］ Morgenegg，E. E. "Frangible Roof Tanks" Proceedings Am. Pet. Inst. Refin. Dep，Mid-
year Meet，43rd，Toronto，Ont，May 8-11，1978，Pub. By API（v57），Washington，DC，
p. 509-514.

［10］ 斯新中. 国内储罐罐顶的形式和发展趋势［J］. 石油化工设备技术，1998，19（5）：4-8.

［11］ 李宏斌. 我国超大型浮顶储罐的发展［J］. 压力容器，2006，24（5）：3-5.

［12］ 李宏斌. 超大型浮顶储罐的发展趋势［J］. 压力容器，2006，21（5）：6-8.

［13］ 高威，黄开佳. 大型原油储罐技术综述［J］. 石油化工设备，2000，20（5）：13-15.

［14］ HT60S Steel for High Weld Heat Inputs：WEL-TEN60S and 62S［Z］，Nippon Steel Corp，
QT215，1974，1-32.

［15］ Kaleal etal. Steel Research［J］. 1986，57（5）：102-106.

［16］ Jye. Long LEE，etc. The Formation of Intragranular Acicular Ferrite in Simulated Heat. af-
fected Zone［J］. ISIJ International，1995，35（8）：1027-1033.

［17］ R. A. Ricks，etc. The Nature of Acicular Ferrite in HSLA Steel Weld Metals［J］. Journal
of Material Science，1982（17）：732-740.

［18］ Sabapathy P N，Wahab M A，PainterM J. The Prediction of Burn-through During In-service
Welding of Gas Pipelines［J］. Internation Journal of Pressure Vessels and Piping，2000，20
（17）：669-677.

［19］ F. J. Barbaro，etc. Formation of Acicular Ferrite at Oxide Particles in steels［J］. Material
Science and Technology，1989，12（5）：1057-1068.

［20］ 陈学东，王冰，关卫和等. 我国石化企业在用压力容器与管道使用现状和缺陷状祝分析及失
效预防对策［J］. 压力容器，2001，18（5）：43-53.

［21］ 王荣. 金属材料的腐蚀疲劳［M］. 西安：西北工业大学出版社，2001.

［22］ 陈晓. 低焊接裂纹敏感性 WDL 系列钢的力学性能及组织结构［J］. 钢铁. 1996，17（12）：39-44.

［23］ 美国石油学会标准 API 650—2013《钢制焊接石油储罐》中译本.

［24］ 中华人民共和国国家标准，（GB 50341—2014）《立式圆筒形钢制焊接油罐设计规范》.

［25］ 化学工业出版社，化工设备设计全书《球罐和大型储罐》.

［26］ 中国石油天然气集团公司.《立式圆筒形钢制焊接油罐设计规范》［D］. 2003.

［27］ 中国石油化工总公司北京设计院.《石油化工立式圆筒形钢制焊接储罐设计规范》［D］. 1992.

［28］ 方全利. 大型不锈钢储罐设计标准探讨［J］. 化工设计，2008，18（1）：48-49.

［29］ 湛卢炳，孙晋坡，陈再康. 大型储罐设计［M］. 上海科学技术出版社，1986.

［30］ 朱萍，石建明. 大型立式圆筒形储罐设计中几个问题的探讨［J］. 化工装备术，2006，20（4）：8-11.

［31］ 李宏斌. 超大型储罐抗风结构的合理设计［J］. 石油化工设备技术，2002，23（6）：23-26.

［32］ Lay Khai Seong. Seismic coupled modeling of axisymmetric tanks containing liquid. Journal of Engineering Mechanics，1993，119（9）：1747-1761.

［33］ 尹晔昕，薛明德. 拱顶储罐承压圈型式与承载能力的关系［J］. 压力容器，2002，19（10）：25-29.

［34］ Geo. Fronfiers. Performance of Oil Tank Foundation［J］. Geotechnical Special Publication. 2005，9（3），871-880. 4-8.

［35］ C. J. F. Clausen. Observed Behavior of the Ekofisk Oil Storage-TankFoundation［J］. Journal of Petroleum Technology 2002，5（8）：329-336.

［36］ 周利剑. 立式金属储罐基础选型及应用范围［J］. 低温建筑技术，2004，10（2）：6-8.

［37］ HousnerG W. Dyna Pressure on accelerated fluid containers. Bull. Seism. Soe. Alll，1957，47（1）：15-35.

［38］ Petela，Richard. Generation of Oil Emulsion for Stirred Tank Processes［J］. Publ by Buttcrworth-Heincmann Ltd，London，Engl. 1994，9（4）：557-562.

［39］ Nelson O. Rocha，Carlos N. Khalil，Lúcia C. F. Leite，Andre M. Goja，Petrobras. Thermo Chemical Process To Remove Sludge From Storage Tanks［J］. SPE95445，2007.

［40］ Slone A K. Pericleous K. Bailey C. Dynamic fluid-structure interaction using finite volume unstructured mesh procedures［J］. Computers and Structures，2002，80（5）：371-390.

［41］ 李宏斌. 储罐常用设计规范计算方法比较［J］. 炼油设计，2002，32（11）：13-17.

［42］ 李建国. 钢制压力容器分析设计基础（一）［J］. 石油化工技术，2002，19（3）：74-76.

［43］ 李建国. 钢制压力容器分析设计基础（二）［J］. 石油化工技术，2002，19（6）：66-73.

［44］ 李建国. 钢制压力容器分析设计基础（三）［J］. 石油化工技术，2003，20（1）：60-64.

［45］ 陈志平，段媛媛，蒋家羚. 大型石油储罐安全可靠性研究［J］. 浙江大学学报（工学版），2006，36（9）：25-278.

［46］ Jonathan J Wylde. Successful Field Application Of Novel，Non-Silicone Antifoam Chemistries For High Oil Storage Tanks In North Alberta［J］. SPE117176，2008.

［47］ B. S. Al Ameri，Abu Dhabi Oil Refining Co. Safe Practice in Tank Bottom Repair［J］. SPE74885，2006.

［48］ Column Research Committee of Japan. Handbook of structural stability［J］，1995：35-36.

［49］ S. Timoshenko，S. Woinowsky. Krieger. Theory of Plates and Shells. MeGrwa-Hill Book Company Inc. NewYork. 1959，10（3）：466-487.

［50］ 周羽，包士毅，董建令等. 压力容器分析设计方法进展［J］. 清华大学学报，2006，46（6）：36-37.

［51］ 朱磊. 应力分析设计方法中若干问题的讨论［J］. 压力容器，2006，23（8）：25-28.

［52］ 赵福军，孙建刚，赵晓磊等. 大型浮顶原油储罐的静力有限元分析［J］. 油气田地面工程，2008，27（8）：15-16.

［53］ 李新亮. 钢制球形储罐有限元疲劳分析设计［J］. 中国科学技术大学学报，2008，38（2）：220-224.

［54］ 赵继成. 基于罐底接触模拟的大型立式原油储罐的有限元分析［J］. 石油化工设备，2008，29（2）：35-39.

［55］ 张卫义，田海晏. 内压圆柱形压力容器大开孔率开孔补强结构及其应力集中系数规律的研究［J］. 石油化工设备，2003，32（4）：24-25.

［56］ 王磊. 压力容器大开孔接管有限元分析及强度设计的研究［J］. 南京理工大学学报，2006，38（5）：25-29.

［57］ 曹庆帅. 大型钢储罐的沉降与结构性能的关系［J］. 工业建筑，2007，37（4）：65-68.

［58］ 葛颂. 大型立式储液罐抗震分析的数值模拟研究［J］. 浙江大学学报，2006，40（6）：977-981.

［59］ 周利剑. 立式储罐与地基相互作用地震反应分析［J］. 世界地震工程，2005，21（3）：152-158.

［60］ Haorun MA, Houser GW. Earhquake response of deformable liquid storage tanks. Journal of Applied Mechanics, Transactions ASME, 1981, 48（2）：411-418.

［61］ Zheng, Jingzhe. Evaluation of sheet pile-ring countermeasure against liquefaction for oil tank site［J］. Soil Dyllalnics and Earthquake Engineering, 1996, 11（9）：369-379.

［62］ J. Kim Vandiver. The Effect of Liquid Storage Tanks On The Dynamic Response Of Offshore Platforms. Journal of Pereoleum technology, 2003, 8（5）：1231-1240.

［63］ Robert J. Stomp, ConocoPhillips Company, Graham J. Fraser, The Expro Group, Stephen C. Actis, Luke F. Eaton, Kerry C. Freedman, ConocoPhillips Company. Deepwater DST Planning and Operations From a DP Vessel［J］. SPE96822, 2007.

［64］ Robert J. Stomp, Conoco Phillips Company, Graham J. Fraser, The Expro Group, Stephen C. Actis, Luke F. Eaton, Kerry. C. Freedman, ConocoPhillips Company. Deepwater DST Planning and Operations From A DP Vessel［J］. SPE87910, 2004.

［65］ 郑天心，王伟，吴灵宇. 考虑液体晃动和罐底提离储液罐的研究［J］. 哈尔滨工业大学学报，2007，39（2）：173-176.

［66］ Edwards N W. A Procedure for dynamic analysis of thin walled liquid storage tanks subjected to lateral ground motions,［Ph. Ddisseriation］, University of Michigan, 1969.

［67］ 孙建刚，周丽. 立式钢制圆柱储罐的动提离控制［J］. 大庆石油学院学报，2001，25（3）：102-105.

［68］ 戴鸿哲，王伟，吴灵宇. 立式储液罐提离机理及"象足"变形产生原因［J］. 哈尔滨工业大学学报，2008，40（8）：1191-1195.

［69］ Hamdan. F H. Seismic behavior of cylindrical steel liquid storage tanks［J］. Journal of Constructional steel research, 2000, 553（12）：307-333.

［70］ Bathe. KJ. Zhang. h. J I S. Finite element analysis of fluid flows coupled by structural interaction［J］. Computers and Structures, 1999, 72（3）：1-16.

［71］ Aghajari S. Abedi K. Showkatih. Buckling and post-buckling behavior of Thin -Walled Struc-tures，2006，44（8）：904-909.

［72］ Chojr，Songjm，Lee J K. Finite element techniques for the free vibration and seismic analysis of liquid storage tank［J］. Finite Elements in Analysis and Design，2001，37（6）：467-483.

［73］ Malhotra P K，Veletsos A S. Uplifting response of unanchored liquid storage tanks［J］. Jour-nal of Structural Engineering，1994，120（12）：3525-3546.

［74］ 刘巨保，张学鸿，王树东. 10000m³ 拱顶储罐顶板应力与腐蚀的分析［J］. 油气储运，1995，14（6）：24-27.

［75］ 陈志平，沈建民，葛颂. 基于组合圆柱壳理论的大型储罐应力分析［J］. 浙江大学学报（工学版），2006，40（9）：13-16.

［76］ Hiroyuki Haga. Asahi，Engineering Co. Ltd.（AEC），Masahide Ohta，Japan Oil Develop-ment Co. Ltd.（JODCO），Ihab O. Tarmoom，Abu Dhabi National Oil Co.（ADNOC）. De-velopment of High Speed Inspection System for COS Tank Bottom Plate［J］. SPE74675，2002.

［77］ 陈志平，王飞，沈建民. 大型非锚固原油储罐应力分析［J］. 机械工程学报，2006，44（10）：27-30.

［78］ 陈志平，葛颂，沈建民. 大型原油储罐有限元分析建模的新方法［J］. 浙江大学学报（工学版）［J］. 2006，42（11）：43-47.

［79］ 陈志平. 大型非锚固储罐应力分析与抗震研究［J］. 浙江大学，2006，23（1）：29-33.

［80］ 傅强，陈志平，郑津洋. 弹性基础上大型石油储罐的应力分析［J］. 华南理工大学学报，2006，24（9）：11-13.

［81］ Kroenke. WC. Classification of Finite Element Stresses According to ASME Section III［J］. Analysis and Computers，1974，4（3）：5-9.

［82］ Kroenke. WC，Addicott. Interpretation of Finite Element Stresses According to ASME Sec-tionⅢ［J］. ASME，1975，63：75-76.

［83］ Kroenke. WC. Component Evaluation Using the Finite Element Method［J］. Pressure Ves-sels and Piping Technology，1985，33（11）：11-14.

［84］ M W Lu，Y. Chen. J G Li. Two step Approach of Stress Classification and Primary Structure Method［J］. Pressur Vessel Technology，2000，122（1）：2-8.

［85］ Motohiko，Yamada. Kazuo U chiyama. Seishi Yamada. Koichiro Heki Shell，Membranes and Space Frames Volume 3 AM Sterdam，1995，33（11）：61-68.

［86］ Crooker J，Buchert k. "Reticulate Space Structures" ASCE Ann. meet. nat. Meet. Struct. Eng. Pennsylvania. Meeting Preprint 731.

［87］ 金龙波，黄文霞. 渣储罐拱顶失稳分析［J］. 管道技术与设备，2005（5）：19-20.

［88］ 黄文霞. 渣储罐拱顶失稳分析及修复探讨［J］. 石油化工设备技术，2008，29（1）：25-28.

［89］ 黄文霞，黄大伟，王永勇. 渣储罐拱顶失稳的有限元分析［J］. 化工机械，2007，34（4）：193-196.

［90］ 尹晔昕，王瑜. 大型拱顶储罐的有限元计算［J］. 油气储运，2003，22（1）：23-26.

［91］ Hoarun Medhat A. Vibration Studies and Tests of Liquid Storage Tanks. Earthquake Engineering&Strucutral Dynamics，1983，11（2）：179-206.

［92］ 郭金龙. 大型油罐地基加固应力测试技术研究［J］. 广州建筑，2003，19（5）：33-35.

［93］ 李书华. 大型储罐地基充水预压监测分析与研究［J］. 山东科技大学学报，2008，27（3）：

66-71.

[94] 吴如元. 3500m³ 天然气球罐应力测试 [J]. 压力容器，2001，18（增刊）：125-130.

[95] 刘育明. 10×104m³ 原油储罐的应力测试与分析 [J]. 石油机械，2001，29（3）：26-29.

[96] 李多民. 12.5×104m³ 原油储罐的应力测试与分析 [J]. 压力容器，2005，22（3）：15-18.

[97] 高健. 机械优化设计基础 [M]. 北京：科学出版社，2000：2-4.

[98] 方世杰，綦耀光. 机械优化设计 [M]. 北京：机械工业出版社，2001：6.

[99] 马玉娥，王振海，孙秦. 结构系统的优化理论与设计方法探究 [J]. 机械设计与制造，2004，02：122-123.

[100] 刘亚姝. 基于 CSCW 的油田开发方案设计平台的研究与实现 [D]. 大庆石油学院学报，2003.

[101] 史美林. 计算机支持的协同工作—理论与应用 [M]. 北京：电子工业出版社，2001，1-2，12-16，32-36.

[102] 陈柳钦. 保障国家石油安全需完善石油储备体系 [J]. 战略决策 研究，2012，3（5）：14-21.

[103] 杨博文，郑金印. 我国国家石油储备基地建设现状 [J]. 中国石油和化工标准与质量，2011，31（5）：201-202.

[104] 赵阳，曹庆帅，谢新宇. 大型钢储罐的沉降与结构性能的关系 [J]. 工业建筑，2007，37（4）：65-68.

[105] YANG L，CHEN Z，CAO G，et al. An Analytical Formula for Elastic-plastic Instability of Large Oil Storage Tanks [J]. International Journal of Pressure Vessels and Piping，2013，101：72-80.

[106] MARR W A，RAMOS J A，LAMBE T W. Criteria for settlement of tanks [J]. Journal of the Geotechnical Engineering Division，1982，108（GT8）：1017-1039.

[107] TIMOTHY B D，DUNCAN J M，BELL R A. Distortion of Steel Tanks Due to Settlement of Their Walls [J]. Journal of Geotechnical Engineering，1989，115（6）：871-890.

[108] Engineering Equipment and Materials Users Association. EEMUA 159-2003 Users' guide to the inspection，maintenance and repair of aboveground vertical cylindrical steel storage tanks [S]. London：EEMUA，2003.

[109] American Petroleum Institute. API 653-2009 Tank inspection，repair，alteration and reconstruction [S]. 4th ed. Washington D C：API，2009.

[110] 中国石化集团勘察设计院. SH/T 3123－2001 石油化工钢储罐地基充水预压监测规程 [S]. 北京：中国石化出版社，2001.

[111] 国家石油和化学工业局. SY/T 5921－2011 立式圆筒形钢制焊接油罐操作维护修理规程 [S]. 北京：石油工业出版社，2011.

[112] 朱江江，周旭荣，张再良，等. 防止软土区大型储罐破坏的设计对策 [J]. 石油工程建设，2009，35（4）：67-69.

[113] 杜元增，孙诗文. 储罐基础设计中的若干问题 [J]. 地基与基础，2007，17（4）：7-9

[114] 贾庆山. 大型油罐地基处理 [M]. 北京：中国石化出版社. 1993.

[115] 地基处理手册编委会. 地基处理手册 [M]. 北京：中国建筑工业出版社. 1988.

[116] 刘树墀. 大型浮顶罐基础非平面倾斜纠偏实践 [J]. 石油工程建设，2004，30（3）：54-56.

[117] 李明瑛. 某工程储罐倾斜事故的地基处理 [J]. 岩土工程技术，2007，21（1）：46-50.

[118] 侯相亭，杨琦. 储罐回填土地基下沉事故原因分析及教训 [J]. 河南城建高等专科学校学

报，1999，8（2）：3840.

[119] 丁涛，赵兴品，张长忠. 立式储罐基础下陷的处理措施 [J]. 山东水利，2004，（8）：45-46.

[120] 赵淑蓉. 5000m³ 储罐基础排水法纠偏技术 [J]. 石油工程建设，1993，（3）：57-58

[121] 毕波，于文章. 大型储罐基础非平面倾斜问题的探讨 [J]. 石油工程建设，2003，29（6）：1-4.

[122] 杨忠义. 罐体顶升充砂法处理大型储罐倾斜工程实践 [J]. 石油化工设备技术，2006，27（5）：21-23

[123] 刘静. 大型储油罐地基处理方法的探讨 [J]. 科技视界，2017（03）：63＋57.

[124] 石磊. 大型原油储罐的强度与稳定性研究 [D]. 中国石油大学（北京），2016.